An Illustrated Guide to Odd Animals

図解

なんかへんな
生きもの

絵・文

ぬまがさワタリ

光文社

は じ め に

ウワーッ！（←挨拶。）　皆さんこんにちは、主にweb上で絵や漫画を描いている「ぬまがさワタリ」という者です。「ぬまがさ」名義のTwitterやブログで公表していた「生きもの図解」シリーズを、なんとこのたび1冊の本にまとめることができました！　ウワーッ！！　昔から大好きな鳥やサメをはじめ、沢山の生きものを好き放題に詰めこんだフリーダムな図解ブックとなっております。生きもの好きはもちろんのこと、別に好きではない人にとっても、へんてこでシビアな生きものたちの世界に足を踏み入れるきっかけになれば、これ以上の喜びはありません。ようこそ、奥深く素晴らしい「生きものワールド」へ…。

第1章
そらの生きもの

図解 秋を告げる狩人 **モズ**

英語でShrike（シュライク）
I'm hungry

外国の色ちがいモズ

ちなみにドイツでは「絞め殺す天使」とも呼ばれている

モズの処刑人めいたある習性に由来する…（くわしくは次ページ）

スズメほどの大きさだが肉食!!

タカのようなカギ型のくちばしやするどいツメで虫や小動物を狩って食べるぞ

漢字で書くと「百舌」（もず）

他の鳥のマネがうまいことが由来

マネがうまいオスはモテる

キィキィキキキ

秋になると高いところから大きな声で「高鳴き」してナワバリ争いをする！

そして1羽で冬をこす…ハードボイルドな孤高の鳥なのだ…！

ちなみに江戸時代には「モズがなく夜は人が死ぬ」という言い伝えがあり不吉な鳥とされていた

マメがほしい

あまり孤高ではない鳥

なかなくても死ぬだろ

正論モズ

ハヤニエ・オブ・モズ

かえるさん　バッタさん　とかげさん

…などの小動物や虫が とがった枝やワイヤーなどに 串刺しになっていたら それはきっとモズのしわざだ！ この習性を「はやにえ」とよぶ！

食べかけのこともあれば そのまま放置してあることも…

※描写を一部マイルドにしています

大きめの小動物や硬い殻をもつ昆虫も上手に串刺し！ モズのパワフルさと器用さがうかがい知れるぞ！

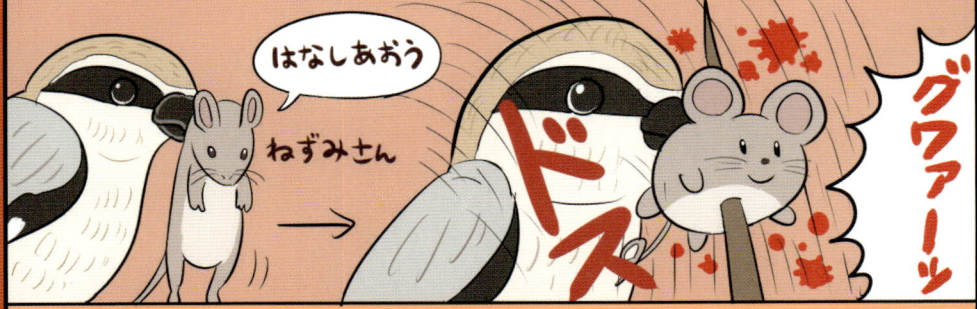

はなしあおう

ねずみさん →

ドス

グワァーッ

だが「はやにえ」を行う理由はよくわかっていない…
① 食べ残しをとっておいて 後で食べるよ説
② エサが少ない時期のための保存食だよ説
③ 串刺しにすると食べやすいからだよ説
④ 本能であり特にイミはないよ説
　…など色々な説があるが答えは出ていない
そんなミステリアスなモズが今年も秋の深まりを告げる…

図解 森のリトルドラマー **コゲラ**

日本一小さな キツツキだ！
意外とその辺にいるので探してみよう

するどいくちばしで 木をつつき
かくれている虫を探して食べる！

スキマに
ひそんでいても
ひっぱり出すぞ！

ギューイ

…という
きしんだドアの
ような声で鳴く
地味だが慣れると
「あっ、コゲラだ」と
わかるはずだ

なんてこった

虫

コゲラ羽

こげ茶と白の
まだらもようで
樹皮と見分けが
つきにくい

コゲラ足

4本指の足で
ガッシリ木につかまり
すばやく移動できる

他の小鳥とミックスで
群れを作ることもあるぞ
（こうした群れを「混群」とよぶ）

イカしたメンバーを紹介するぜ

シジュウカラ メジロ エナガ

コゲラしっぽ

大きくて力強い尾羽！
両足と三点でバランスをとり
体を支えるスグレモノだ！

もう まちがえない！コゲラとゴリラ

あれ？

コゲラとゴリラって どっちがどっちだっけ

このような疑問が うかんだことのある 人は多いだろう…

それもそのはず！コゲラとゴリラは「ドラミング」という 習性をもっている点で 非常によく似た 生きものだからだ

ドラミング＝何かを叩いてコミュニケーションする行動 なわばりの主張やメスへのアピールなど その役目は様々

コゲラ（キツツキ類）の ドラミング

くちばしで 木を叩く！

ドロロ…

ゴリラの ドラミング

胸を手で 叩く！

ボコ ボコ ボコ

ウホッホ ウホホ ホォ

森で耳をすますときこえてくるぞ

ジャングルで耳をすますときこえてくるぞ

虫を食べる方がコゲラ、バナナを食べる方がゴリラと覚えよう それでも「やっぱりまぎらわしい！」と思う人も いるかもしれない

だが コゲラもゴリラも人間もみな 地球に生きる かけがえのない 仲間という意味では 同じ… 区別する必要など 本当にあるのだろうか…？ 完

ナワバリ・アローン

ジョウビタキはナワバリ意識がとても強い鳥だ！
オスもメスも（繁殖期を除いて）自分だけのナワバリをもち
基本的にひとりぼっちで生活するぞ

カワセミ様、その大いなる愛

繁殖期（初春〜夏）になると
カワセミ様は求愛行動を始める

オス　メス
下くちばしが…
黒っぽい　オレンジ

美しい鳴き声をかわしたり
優雅に飛び回ったりしながら
オスとメスのカワセミ様が
お互いに接近していくのだ

ウワーッ

その優美なる愛情表現の
最たるものが「求愛給餌」！
オスがメスのために魚を
とってくる行動のことだ

メスが魚を
受け取ると
めでたく
カップル成立！

♂　ウワーッ

♀

♥HAPPY♥
ウワーッ

自分の身長と同じくらいの魚を相手に差し出す
カワセミ様の粋でワイルドな求愛行為…

人間でたとえればマグロを
プレゼントするようなものだ

受けとって
くれ…

おお！なんと気前がよく
スケールの大きい愛だろう…
カワセミ様の偉大さには
ただ感嘆するばかりである

結婚マグロ

卑小なる人間どもの
ちんけな愛情表現

あーん♥

圧倒的小ささ

図解 仮面のサイレントキラー
メンフクロウ

お面のような顔が特徴的な
世界中の森に棲むフクロウだ
（残念ながら日本にはいない）

英語名：Barn owl
（納屋のフクロウ）

ハート型の顔は
パラボラアンテナの
ように音を集める！

エモノのたてる
小さな音も逃さない

音を全く立てずに
空からエモノを襲う！
静かなる
夜の狩人
なのだ
屋はねてる

ネズミを
食べてくれるので
農家の人には
好かれているぞ

首を自由自在に回して
エモノをロックオンするぞ

ネコのほうが
かわいいのにね

ネコ

しつもん
コーナー

Q.でもさすがに
うしろには
回らないんでしょ？

ネズミ
さん

A.回る

270°くらい
までいけるよ

フクロウの爪は猛きん類の
中でも最強と名高いぞ！
おそいかかってエモノを
つかみ骨ごと粉砕する！！

ネズミさんの
運命は一!?

ゆずりあい ナイスメン

メンフクロウのヒナには きょうだい同士で エサを「ゆずりあう」習性が あることが 最新の研究によって 明らかになったぞ

食べやすい サイズに なった ネズミさん

親鳥がエサを もってきてくれると ヒナたちは 我先に 争う…のではなく

自分の「腹ペコレベル」を 鳴き声で表現し 一種の「会議」を行う

キー…（腹ペコ）

キキー…（かなり腹ペコ）

キャキャキャ（食わんと死ぬ）

マジか

そして 腹ペコレベルが 高いヒナへ優先的にエサを「ゆずる」のだ 鳥の中でも極めて 珍しい習性であるが

無用な争いに 体力（エネルギー）を 浪費するのをさけるための とても高度かつクレバーな 行動だと いえるだろう！

「森の賢者」の異名は ダテではないのかもしれない

しゃーない

しゃーない

あんがとさん ムシャ ムシャ

つぎ おれね

ジュルリ

13

図解 肉食系大賢者 ワシミミズク

世界最大のフクロウ類！ 翼を広げると 2m 近くにもなる

学名 Bubo bubo

耳のような羽（羽角・うかく）をもつフクロウを日本語で「ミミズク」と呼ぶが英語だとフクロウとミミズクの区別はなくどちらも「OWL」扱いだ

Say ホー――!!

A.k.A ワシミミズQ

A.k.A MEN-フクロウ

ミミズクとフクロウは実際 見た目以外これといったちがいはない

フクロウの仲間には（骨や毛など）消化できなかったものを固めて吐き出す習性がありその吐きもどしを「ペリット」とよぶ！鳥の食生活を知るための大きな手がかりになるぞ

ゲベ

↑ 消化されなかった ネズミさんの一部

とにかく生き物ならなんでも食べる！

ネズミさん はもちろん

ウサギ　ネコ

キツネ　ヒツジ

コウモリ

ハリネズミ　サギ

カモメ　タカ

えっ

…そして他のフクロウまで食べることがわかっているぞ!!

マジか

動揺とかくせぬMEN-フクロウ

これほど多彩な食生活を送っている鳥類はとても珍しい

まいおりたフーカヤ

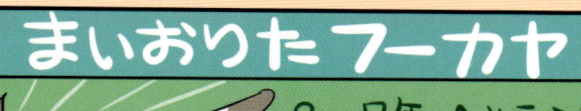

2007年 ヘルシンキで行われた フィンランド vs ベルギーの サッカーの 国際試合中…

なんと巨大な ワシミミズクが グラウンドにまいおりてきた！

試合はいったん 中断されることに…

人間を恐れぬ ワシミミズクは スタジアムを悠々と旋回しながら 両チームの ゴール上で のんびり… テンションの上がった 観客の 「フーカヤ」（フィンランド語でワシミミズク） コールも どこ吹く風という フリーダムっぷりを見せつける のだった

きびしい 審判も おもわず ニッコリ

フーカヤ

フーカヤ

フーカヤ

ワァァ フーカヤ アァ

しばらくすると ワシミミズクは ゆったりと スタジアムから 飛び去っていった…

のちに 市内に 棲んでいると判明 「ブビ」と名づけられ ヘルシンキ市民賞 まで なぜか 受賞する

その後 フィンランドは 2点とって 勝利！ ワシミミズクは 幸運の マスコットに なり そして フィンランド代表チームは 世界中で 「フーカヤ」と よばれるように なりましたとさ

図解 夜は短し歩けよ **カカポ**

世界で唯一の「飛べないオウム」！
「フクロウオウム」ともよばれるぞ
ニュージーランドの愛らしい鳥だが
絶滅の危機に瀕している…！

世界一重いオウムでもある
ニワトリ 2～3羽ぐらい

Kakapoとは マオリ語で **夜のオウム**という意味
その名の通り夜行性で夜はひとり森をさまよう

発達した嗅覚でエサを探し出すぞ

おもな食べ物は木の実など

特に**リムの実**が好き

カカポ豆知識

とても長生き！90年生きる可能性も…?

鳥の中でもトップクラス

体からは独特の香りが漂う

フリージアやハチミツに似てるそう

ハチミツ

マジでか

人なつっこい！人間(の頭)と交尾しようとしたことも…

ウワー　　ーッ

翼は退化していて小さい！
木から飛び下りるときくらいしか使わない…

緑色の体でうまく草木の中にまぎれこむ

ハーストイーグル

かつて生息していた巨大ワシから身を隠すための術だったと考えられる
(夜行性になったのもそのため)

翼を広げると3mにもなったそう

「レック」とよばれるユニークな繁殖を行う
夜にオス達が開けた丘に集い一種の「ナイトクラブ」を開くのだ

それぞれが掘った穴の中から数kmも響く低いうなり声を出しメスを引き寄せるぞ

ブーン　ブーン…

いかす

体がものすごくふくらむ

愛と哀しみのカカポ

今や世界一珍しい鳥の一種となったカカポだが その昔はニュージーランドに沢山いたと考えられている…

その数は100万羽とも!

カカポも昔は飛べたが ニュージーランドには天敵となる肉食動物がほとんどいなかった…

ウワーッ
木からカカポがリンゴのようにおちてくるといわれたほど…
ニュートン

そんな閉ざされた楽園でカカポは飛行能力を失い 体もどんどん丸々と太り「世界一無防備な鳥」として進化(?)をとげることとなる… その先に待つ悲劇を知るよしもなく…

そう…先住民やヨーロッパ移民が持ちこんだネコ、犬、イタチなどの哺乳類にとって カカポは絶好のエモノだったのだ!

天敵という概念をもたない上に 危機に陥るとフリーズする生き物が捕食者に太刀打ちできるハズがない…

さらにネズミに卵を喰い尽くされ カカポは完全に絶滅しかけてしまう…

狩りログ　鳥 おいしい

カカポ
★★★★★ 4.6
ニュージーランド / 鳥

ねこ

味もボリュームも最高の一言 動きも遅くて 狩りもラクチン
★★★★★

いぬ

味にうるさい小生も大満足! コスパもよく文句なしの星らつ
★★★★★

いたち

ハチミツみたいなイイにおいがして見つけやすかったです!
★★★★★

しかし ほんのわずかに生き残ったカカポを保護し 再び個体数を増やそうとする必死の試みが始まった…!

カカポを別の島に移住させるも天敵のオコジョが 海をわたって追いかけてきて全滅!

…といった悲惨な失敗をくりかえしつつも 現在カカポの数は154羽まで回復!(2016年時点)

この愛らしく奇妙な鳥が(ドードーのように)地球から消え失せないことを願うばかりだ…

カカポの冒険

ドードー
たのむで

COLUMN1 載せたかった！そらの生きもの

ハヤブサ

「地球最速の鳥」として名高い猛禽類！
獲物に向かって急降下するスピードは
新幹線より速い時速390kmにも達する！
古代より様々な神話や伝承にも登場し
人間から憧れの眼差しを向けられてきた
究極のカッコイイ鳥・ハヤブサだが
なんと最近のDNA調査で（タカではなく）
インコに近い仲間だと判明した…！ えっ
そんなギャップもまた魅力的なのだが…

「世界一賢い鳥」と噂されるオウムの仲間！
人間を真似てお喋りするだけでなく
数や色、形など抽象的な概念を理解し
「思考」することができるのだという…！
人間の4〜5歳児に匹敵する知能を持つ
…だがヨウムはその賢さと愛らしさゆえに
故郷アフリカで乱獲の憂き目にあっている…
世界一賢い鳥が地球から姿を消さないよう
目を光らせていかねばならないだろう

ヨウム

5

ハチドリ

鳥類で最も小さい体を持つキュートな鳥！
超高速で羽ばたくことで空中に静止する
超絶技能「ホバリング」は圧巻のスゴ技だ
ヘリコプターのように自在に飛び回って
滞空しながら花の蜜を吸っていくぞ！
しかしその圧倒的な運動能力ゆえに
それを維持するコストも容赦なく高い！
スーパー高カロリー食「花の蜜」をひたすら
飲み続けるというハードな食生活とも言える…

うっぷ

第 2 章
みずの生きもの

図解 触手なインテリジェンス
マダコ

タコの中で最もメジャーなタコ！
貝殻などを巣の周りに集めて
積み上げる習性があるよ

「タコの庭」とよばれる

「貝の墓場」じゃないの

貝

墨には敵の目をひりひりさせる成分が含まれる

頭に見える部分は胴体

寿命は約2年！
オスは交尾後
メスは卵が孵化したあとに死ぬ

吸盤はとても強力

タコの最も驚異的な能力は「擬態」！

タコか!?

ヤベッ

危険が迫ると周囲の環境（岩など）とそっくりに体の色や質感を変えるぞ

色を変えて威嚇するタコもいる

コロス

ヒョウモンダコ

タコの皮ふには何百万もの色素胞（色素入りの袋）がある
液晶ディスプレイのようにそれらを組み合わせて「擬態」することができるのだ！

ドキドキ

なんだネコか

おかしいだろ

ニャーン

貝

オクトパス・グレートラーナー

タコは「最も賢い無脊椎動物」といわれている！
無脊椎動物では最多（約5億）の神経細胞を持ち
その学習能力は大半の鳥類よりも上だという…

コガラより学習能力が高いらしい

なんだコラー

やめて

タコには人間の顔の見分けもつくようだ

顔認識

タコ識うめぇ

水族館でも「エサをくれる」と認識した人には喜んで寄ってくるが…

敵だと認識した人には水を吹きかけたりする

ウワーッ

とりわけタコの問題解決能力の高さは圧倒的だ…！

瓶のふたを開けて脱出

カニ入りの瓶を開ける

ウワーッ

他のタコの行動を見てふたの開け方を「学習」する

ナルホド

ふむふむ

ウワーッ

タコの約5億の神経細胞のうち
約3億が腕の神経節にあるという…
タコの触手は「考える触手」なのだ！
「9つの脳」をインターネットのように
分散させて多くの情報を処理するのである
身を守る殻や仲間を持たぬ孤高のタコが
シビアな競争世界「海」で生き残るうえで
何億年もかけて獲得した最大の武器…！
それが高度に発達した「知能」なのだろう

ウワーッ

よこせコラーッ

21

崖っぷちニョロニョロ ニホンウナギ

図解

日本人には馴染み深い高級魚！
…だが絶滅が危ぶまれている

ウナギの祖先は およそ
1億年前から存在しており
もとは深海魚の仲間だ

フクロウナギ

ほう

目はあまりよくないが
犬と同じくらい
嗅覚が鋭いとも
いわれる

ウナギ犬

全身ヌルヌルした
粘液で覆われており
皮ふ呼吸が可能だ！
陸上や垂直な岩も
移動できるぞ

うなぎのぼり

ウナギの
生態について
最近までよく
わかって
いなかった

ウナギは
泥から
生まれるよ

雑なことを言う
アリストテレス

肛門は
この辺り

うろこは
小さい

栄養豊富で
美味しい魚
として昔から
愛されている

ただし血液に
毒があるので
必ず加熱が必要だ

ウナギとアナゴの見分け方

ウナギ
下あごが
出ている

アナゴ
上あごが
出ている

イナゴ
バッタに
似ている

夜は
活動的に
なる

明治14年には体の半分がヤマイモの
ウナギが見つかったという新聞記事も…
当時の専門家は「そんなの珍しくない」と
コメント…

すべてが適当すぎる

ヤマイモ

とろろ

近年の調査でやっとウナギの
成長過程が明らかになった

1.6mm	10mm	52mm	54mm	150mm	1m
卵	プレレプトセファルス	レプトセファルス	シラスウナギ	クロコ	成魚

ウナギ・フォーエバー

ウナギの産卵地は長年 ナゾだった…
だが果てしなく困難な調査の末
ついに マリアナ海溝にある海山が
産卵場所であると判明した！

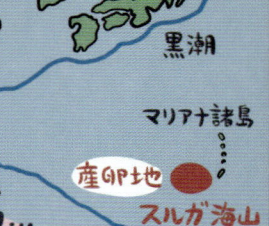

黒潮

マリアナ諸島

産卵地 ●
スルガ海山

新月うなぎ婚活

6〜7月の新月の頃
沢山のウナギが集まって産卵…
そして 黒潮に乗って 北上する！
実に ナゾめいた ライフサイクルだ

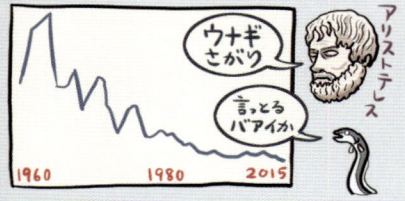

シュミって
あります？

ダイビング
とか…

イガイと
遠かった

そんな ニホンウナギの漁獲量がここ数十年で激減しており
ついに 2013年には絶滅危惧 1B類に指定されることに…

ウナギ
さがり

言っとる
バアイか

アリストテレス

1960　1980　2015

激減の原因は乱獲、水質汚染、
河川環境の悪化と諸説あるが
特に密漁による乱獲は
深刻だとされる

ウワーッ

※イメージです

市場に出回るウナギの約半分が
違法取引によるものだという黒い噂も…

ウワーッ

いま流通しているウナギは大半が養殖によるものだが
結局は野生のシラスウナギを捕まえて育てているわけで
自然のウナギが減れば養殖ウナギも食べられなくなる！

ウナギを人工的にふ化させる「完全養殖」の
研究も進んでいるが実用化はまだ先の話だ

愛らしくて神秘的 そして美味しいウナギが
この世から消え失せることを防ぐためにも
その実情をよく知る必要があるだろう

100年後の未来…

「うなぎ
のぼり」の
うなぎって
なんだろ

ちがうよ

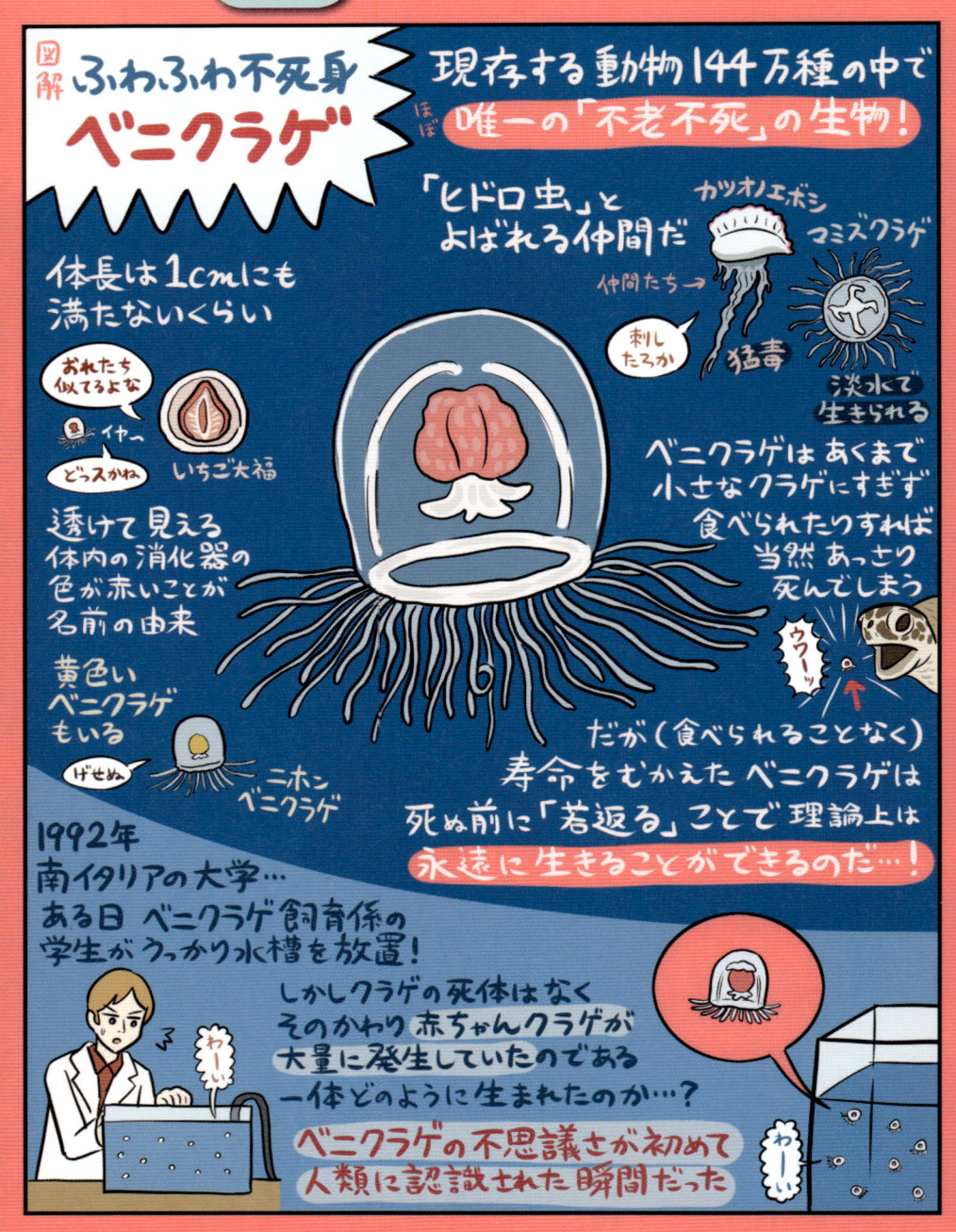

図解 ふわふわ不死身 ベニクラゲ

現存する動物144万種の中で ほぼ唯一の「不老不死」の生物!

「ヒドロ虫」とよばれる仲間だ

カツオノエボシ
仲間たち→
刺したろか
猛毒

マミズクラゲ
淡水で生きられる

体長は1cmにも満たないくらい

おれたち似てるよな
☠ イヤ〜
どっスかね
いちご大福

透けて見える体内の消化器の色が赤いことが名前の由来

黄色いベニクラゲもいる

げせぬ
ニホンベニクラゲ

ベニクラゲは あくまで小さなクラゲにすぎず 食べられたりすれば 当然 あっさり死んでしまう

ウワーッ

だが(食べられることなく)寿命をむかえた ベニクラゲは死ぬ前に「若返る」ことで 理論上は永遠に生きることができるのだ…!

1992年 南イタリアの大学… ある日 ベニクラゲ飼育係の学生が うっかり水槽を放置!

わーい

しかしクラゲの死体はなく そのかわり赤ちゃんクラゲが大量に発生していたのである 一体どのように生まれたのか…?

ベニクラゲの不思議さが初めて人類に認識された瞬間だった

わーい

トゥモロー・ネバーダイ

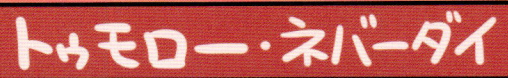

ベニクラゲは外敵に襲われて傷ついたり環境の変化によって生存が難しくなると海底に沈み 体が ダンゴのようになる

イタイ

しぬ…

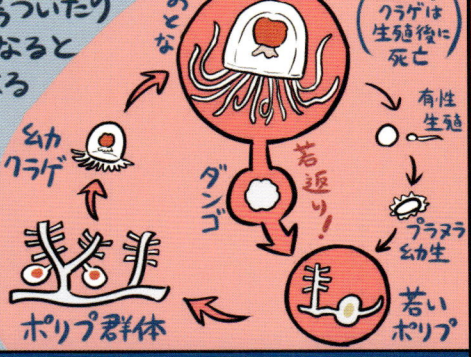

おとな

ふつうのクラゲは生殖後に死亡

幼クラゲ

若返り！

ダンゴ

有性生殖

プラヌラ幼生

若いポリプ

ポリプ群体

ふつうのクラゲは 死ぬと消滅するがベニクラゲはなんとこの状態から再びポリプを形成できる…！

つまり「若返り」を果たすのである！

どうしてベニクラゲは 反則的な「若返り」が可能なのか？その秘密には「染色体」が 大きく関係している

げんきげんき

DNA

げんき

テロメア

動物の染色体には「細胞分裂の回数券」とも呼ばれる「テロメア」という部分がある

ラス1

しぬ…

なんてな

死

ふつう 細胞分裂を繰り返すごとにテロメアは 減り 細胞は死に至るが…

バーン

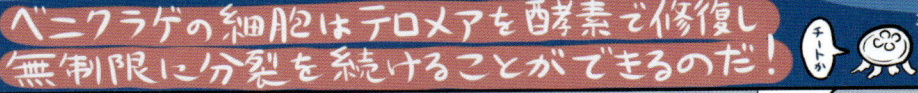

ベニクラゲの細胞はテロメアを酵素で修復し無制限に分裂を続けることができるのだ！

チートか

ミズクラゲ

「蝶が芋虫にもどる」ことに匹敵する奇跡的なベニクラゲの「若返り」システム…

とびたい

果てなき夢

空…!!

とぶぜー

やっぱもどろ

大地へ…!!

あー

プーポー

パパパ

ギュイーン

復活

死

ズボッ

その細胞に秘められた謎を解き明かせば人類の果てなき夢「永遠の命」を実現できる日がくるかもしれない…

Who wants to live forever?

永遠に生きたいと願う者などいるだろうか？

♪

いるでしょ

図解 波間に漂う毒天使 アオミノウミウシ

この世のものとは思えない不思議な姿をした生き物だが ウミウシ（裸鰓類）の仲間だ！
漢字で「青蓑海牛」

英語でウミツバメ(Sea swallow) 青い天使、青い竜といった異名もあるよ

日本では南西諸島や小笠原諸島などに生息

大きさは20〜50ミリ

刺されると危ないので手にのせるのはやめておこう

ウミウシなので雌雄同体
☐ オス
☐ メス
☑ 両方

胃の中に空気を入れて水面に浮かぶよ

美しい見た目に反して肉食！クラゲなどを食べるぞ（エサの調達が難しいので飼うのはオススメしない）

上に向けてる側がおなか！

外敵に見つかりにくいカラーリング
上から見ると水面に
下から見ると日光にとけこむ
ペンギンなどと同じだ

さかさまで海面（天井）にぶら下がっているという点でコウモリに似ているかも…？

殺人クラゲキラーエンジェル

恐るべき猛毒クラゲ・カツオノエボシ…
（正確にはクラゲではないが）
刺されると電撃のような強い痛みが
走ることから「デンキクラゲ」とも呼ばれる

ギャーッ

刺された人の死亡例もあり
この世で最も危険な
有毒生物の一種だといえる
（コブラの毒性の75%に匹敵）

それはまぎれもなくヤツさ

コブラ

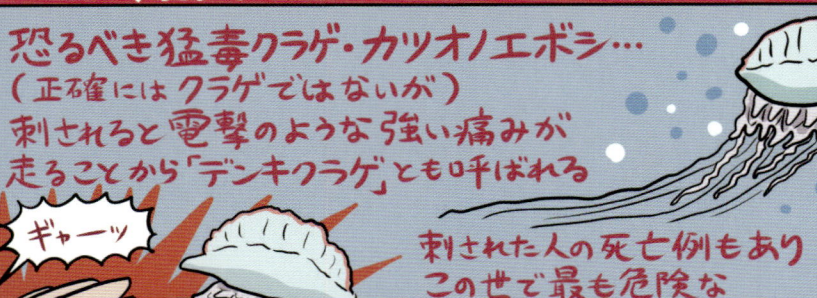

ギャーッ

だがそんなカツオノエボシの猛毒も
アオミノウミウシの前では無力!!
ムシャムシャむさぼり食われてしまう

ムシャ
ムシャ

他にギンカクラゲなどの
有毒クラゲも平気で食べるよ

マジで

さらにクラゲから摂取した毒を
体内に溜めて自分の身を守るために使う!
美しいからといって素手で触れるのは禁物だ

2017年2月─ 猛暑に襲われた
オーストラリアのビーチで
なぜかアオミノウミウシが大発生!
うっかり触れてしまった
サーファーや海水浴客が大勢
毒の被害にあってしまった…

キレイなものに毒があるのは
地上も海も同じなのだろうか…

恐怖のどくどくビーチ

COMING
SOON─

図解 究極のふしぎ生物 カモノハシ

ビーバーの体にカモのくちばしをコラージュしたかのような信じがたいほど奇妙な生き物!

クリエイショニスツ・ナイトメア
「創造論者の悪夢」なんて異名もあるほどだ

生息地 オーストラリア

英語名 Platypus イミは「平らな足」 そこ?

オーストラリア ペット では ほぼ見られない

ぶ厚くて防水もバッチリな毛皮
高く売れるので一時期 ハンターに乱獲された

カモのような くちばし!
…だがゴムのようにやわらかく鳥のくちばしにはない能力がある

くわしくは次ページ

とり ほう

水かきで器用に泳ぐ でも陸を歩くのはニガテ

しっぽは舵(かじ)になったり 巣の材料を運んだり…

昔から姿が変わらないので「生きた化石」と呼ばれている
…だが1500万年前は体長が1メートル以上あったらしいぞ

ウシャーッ
ガブ
ガブ

柴犬

肛門、生殖器、尿道がすべて同じ穴にある!
こうした特徴をもつ哺乳類はカモノハシとハリモグラのみ

「単孔類」とよばれる最も原始的なグループ

別名 エキドナ なおモグラとは何も関係ない

強力な歯でハイギョなどを食べていたそうだ
(イメージ) ウワーッ

ちなみにカモノハシは今もれっきとした肉食動物!
(エビ・貝・小魚・虫を食べる)

ここがスゴイよ！カモノハシ

1 産卵 タマゴを産む ほぼ唯一の哺乳類

いちどに2コくらい産む

タマゴは100円玉より小さいよ

最初に「カモノハシ タマゴ説」を主張した学者はバカ扱いされたぞ

ひどいや（子モノハシ）

「動物学の基本からやりなおせ」とまで言われる始末

カモノハシには乳首がない（！）ので乳腺から出たミルクがしみこんだお母さんのおなかの毛をなめる子モノハシたち

ペろペろ

乳首がないならないで大丈夫なもよう

2 エレクトロ・ロケーション（電気定位）

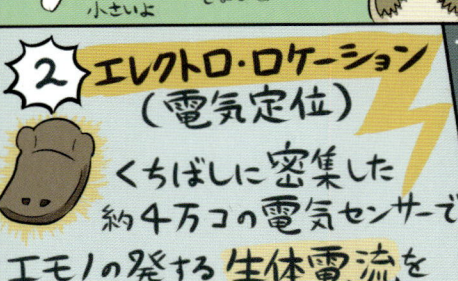

くちばしに密集した約4万コの電気センサーでエモノの発する生体電流をサーチする能力!!

デンキウナギ（ころす）

特殊な魚や虫やサメにしか使えないはずの超レアなスキルだ

カモノハシの狩りは目・耳・鼻に頼らないたとえまっ暗な水のなかでも…

うかつな小魚

生体電流

暗いから逆に安心さ

ウワーッ

おそるべし！

エレクトロ・ロケーション

3 毒針

（オスのみ）後ろ足に毒針を隠しもつ！

言うまでもないが毒をもつ哺乳類はきわめて珍しい…！

他に毒があるのは『ズートピア』に出たトガリネズミなど

水づけだ

見よ！これがカモノハシ毒だ

ブドウ状の毒腺

導管

毒タンク

毒針足

カモノハシ毒はマムシ毒と同じカテゴリーに属する強力な出血毒であり

ころす

犬1匹くらいなら軽く死ぬ

☆しつもんコーナー

柴犬も死にますか？

こたえ：死ぬ

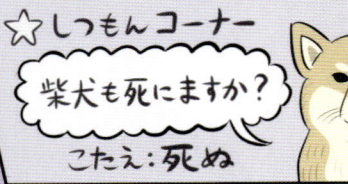

カモノハシの生態はいまだに多くのナゾに包まれている…完

図解 ナンキョク大帝 コウテイペンギン

世界最大のペンギン！
体長は約130cm

イワトビペンギン　アデリーペンギン　キングペンギン　コウテイペンギン　無関係の6歳児

別名：エンペラーペンギン

なんで皇帝（エンペラー）？

キングペンギンより大きいから…という適当ネーミング説もあるが ホントかは わからない

すみかは南極大陸！
宇宙から衛星を使って生息個体数を調べたら約60万羽だったらしい 八王子市や鹿児島市の人口と大体同じだ

よくあるまちがい
シロクマ（ホッキョクグマ）と並べられる
ようこそ北極へ
ペンギンは北極にいない
…というか北半球にいない
（ただし水族館を除く）
ちなみに日本のペンギン飼育数は世界でいちばん多い

鳥類最高の潜水能力をもち 水深600mまで20分以上もの間 潜ることができるぞ
スゴイぜ

フリッパーとよばれる 泳ぐために進化（退化？）したペンギン独自の翼
ほね

とべないのにツバサとはこれいかに
カモメさん
ケケッ

バチィィン
いたい
武器にもなる

「トボガン滑り」とよばれる氷の上の移動法！ 腹ばいになって滑ると歩くより速いのだ（トボガンとは小さいソリのこと）

ぶたれた人が骨折したという噂も…

ジェンツーペンギン

ロイヤルペンギン

過酷!! # コウテイペンギン

START

コウテイペンギンたちは3〜4月になると海をはなれ まるで示し合わせたように 遠い内陸にある 繁殖地をめざす—

おめでとう！ヒナが生まれた！

ときに150kmにもなる 厳しい道のりだ

力尽きて死ぬ

雪を食べて水分を得る

凍死 or 餓死

ようやく繁殖地に到着！求愛して カップル成立

体をよせあってブリザードをしのげ！

南極の気温はマイナス60℃…

卵は凍りついてしまった

おめでとう！卵が生まれた ひとつしか生まれない大切な卵だ

出産後 メスは海へエサをとりにいく… フラ フラ たっしゃで

卵を温めるのはオスの仕事！おなかに卵を抱くためのスペースがあるぞ 巣はないので氷の上にずっと立ちっぱなし…

子育てスゴロク （赤いコマはゲームオーバー）

ホッキョクグマ

シビア!!

START
妊娠した母グマは秋ごろ脂肪をたくわえて巣穴へ

なるべくじっとして体力を温存する…

赤いコマはゲームオーバー

オス同士のケンカ!

ケンカにまきこまれ死亡

気が立っているオスのクマが子グマを殺してしまうことも…

ホッキョクグマの新生児はクマの中でも特に小さい

体重はわずか約0.7kg

巣穴で出産

ふつうは2匹

大きいエモノはみんなで分け合うこともあるよ

クジラの死骸を見つけた!他のクマたちと仲よく分けよう

母グマは半年間も絶食をしたことに…

つらい

初春 巣穴から出る

ゲッソリ

子グマは10〜12kgまで成長

アザラシの巣穴を探し当て前足で思い切り氷を叩き割る!

ドスン

ウワーッ

子グマはじめての雪あそび

コレなに

しらーん

つめたっ

ホッキョクグマはとても好奇心がおうせいだ

氷がわれて子グマが海に落ちた

ウワーッ

子グマは保温能力が低く凍死してしまうこと…

母乳で子グマを育てよう

クマの乳の中で最も乳脂肪分が豊富だ!

子グマがオオカミにさらわれた

ウワーッ

狩りの練習!

なんか

だ大抵つかまらない

34

子育てスゴロク

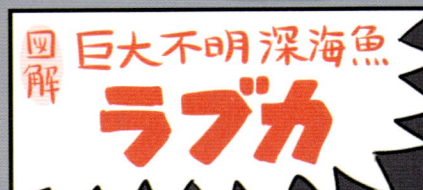

図解 巨大不明深海魚
ラブカ

3億7千万年前の最古のサメ
「クラドセラケ」と似た特徴をもつので
「生きた化石」ともよばれている

クラドセラケ
先輩

オッス

深い海の底にすむ 謎多きサメだ！
漢字では 羅鱶 と書くぞ
ラシャのように
滑らかな皮ふが
由来らしい

サメ肌
じゃないの

全長は2mに達し
自分の体長の半分ほどの
エモノも のみこめる！

伝説の生き物
シーサーペント
大海蛇の
正体はラブカ
なのでは？と
いう説も
あるぞ

口には
ギザギザした針状の歯が
びっしり並んでいる！
イカなどをひっかけて
食べるのにピッタリの
原始的な歯だ！

↙ 特異な形の
ひだ状のエラで
深海でも効率よく酸素を吸収！
英語名 Frilled shark
（フリルつきのサメ）の由来だ

エラが6列
あるのも原始の
サメの特徴！
（ふつうは5列）

『シン・ゴジラ』の
ゴジラ第2形態の
モチーフにもなったぞ！

えっ蒲田に!?

通称「蒲田くん」

おまえが
言うんかい

ラブカくん

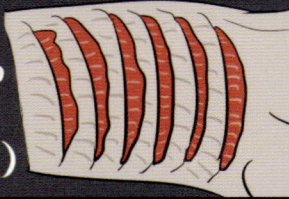

ジャパン・イズ・ラブカ パラダイス

深海にすむラブカは基本とっても珍しいレアな魚であり
生きたままでの観察も難しいのであまり研究が進んでいない…

しかし意外にも日本の海に
現れることが多いのだ!!

えっ日本に!?

オメーもだろ

特に相模湾や駿河湾では昔から
他の魚にまじってよく捕獲されていた

駿河湾等の水族館では捕獲されたラブカがたまに展示される
生きたラブカを観察できるのは世界的にも貴重な機会だ!
（沼津港深海魚水族館, あわしまマリンパークなど）

ラブカグッズ
も豊富!!

えっぬいぐるみに!?

バカ売れ

だれかさんの
おかげで

非常に
魅力的な
生き物
であると
結論づけ
られます

そう？

…とはいえラブカの飼育はきわめて難しい
捕獲時点で弱っていることも多く
大抵は数日で死んでしまう

ちなみにラブカは
刺身にするとおいしいらしい

「展示中」の告知が出たらすぐにかけつけよう!

えっ死ぬの!?

ラブカの生態を
よく知るためにも
今後の飼育技術の
さらなる進歩に
期待したいところだ

そりゃ生き物
だからな…

マダイのような
味がする
そうだ

マダイ

えっ刺身に!?

うるさいよ

マジかよ

完

図解 漂う洞穴 メガマウス

魚界における20世紀最大の発見とも
いわれる 謎だらけの巨大深海ザメ！
その名の通り 巨大な口をもっているぞ（メガマウス）

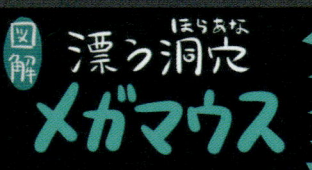

ゲスト
深海ザメ仲間
ラブカくん

仲間って
いわれても…

全長は5〜7m
体重は1.2トン以上！

水深20〜1500mに生息している

注意 まちがえやすい
生き物

メカマウス
悪の組織が作った
殺人改造メカねずみ
レーザー光線で
侵入者を抹殺する

オメガマウス
戦闘力を極限まで
高められた元・実験用マウス
自分を生み出した組織への
復讐を目的に生きる

口には
小さな
歯が
たくさん
並んで
いる

6〜7mm
くらい

歯の化石は
とても珍しいが
近年日本でも
発見されたぞ
（1千万〜3000万年
前のもの）

ぶよぶよと
やわらかい巨体で
ゆっくり
泳ぐ

尾ビレは
とても
長い

濾過食（フィルター・フィーダー）

メガマウスは海水を「濾過」して
プランクトン類を食べる数少ないサメだ

エラから海水を
出す

プランクトン

大量の
海水をのみ
オキアミや
小エビやクラゲなどを
「こして」食べる

他に濾過食をするサメは
ジンベエザメとウバザメだけ

のみ行く？　行く

メガマウスは発見された個体が
とにかく極端に少ないので
生態のほとんどは まったくの謎だ

とりあえず
味は
おいしく
ないらしい

水っぽくて
マズイ

くうなや

ひとの仲間

メガマウス・フィーバー

メガマウスが初めて発見されたのは 1976年 ハワイのオアフ島沖！

（まだ見つけてから40年くらいしかたっていないのだ）

1984年 カリフォルニア

メガマウス2匹め

それ以後も年に数回のペースで 発見されているが 現在でも 世界で

まれに海岸に漂着することも

たった 60例 ほどしか 見つかっていない…

まさに「幻のサメ」の名にふさわしいレア度だ

だが 2017年5月…日本でなんと連続して2匹の メガマウスが発見された!!（5月22日 千葉 ／26日 三重）

すギョいですね
ギョギョッ
さかなさん
クンさん

5/22 千葉県館山市沖

5/26 三重県熊野灘

この短期間で2匹とは 極めて珍しいケースである 水温の上昇と関係している 可能性が高いようだ…

ちなみに4月上旬 ラブカもTOKIOに 捕獲された @東京湾

たべないでくださーい！
たべないよ！
オオエンコウガニ→
カニはたべろ

深海魚の出現を地震と関連づける説もあるが 科学的な根拠は今のところ特に ない

残念ながら千葉の個体は発見後まもなく死亡してしまったが 三重のメガマウスは血液（貴重な研究材料!）を採取された後 放流されて ゆったりと海に帰っていった…

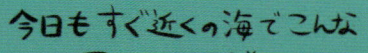

2度あるメガは 3度メガ…かも

今日も すぐ近くの海でこんな 巨大で不思議な生き物が 泳いでいるかも…という 胸の高鳴りを感じつつ 次の発見を楽しみにしたい

海に帰る…か

俺には帰る家などないがな…

まだいたの

赤マンボウ色のオーバードライブ

一般に魚は「変温動物」であり（哺乳類や鳥類とちがって）体温を一定に保つことはできない…

> 泳げども泳げども

エラから酸素を得るときに熱が水中に逃げてしまう…

例外としてマグロやホホジロザメは体温を高く保てる「熱交換システム」を胴体の筋肉の周りにもっている！

だが温められるのは筋肉とその周囲のみでエラの近くの心臓は冷たいままであり体全体を温めることはできない…

なので冷たく深い海に長くはいられない

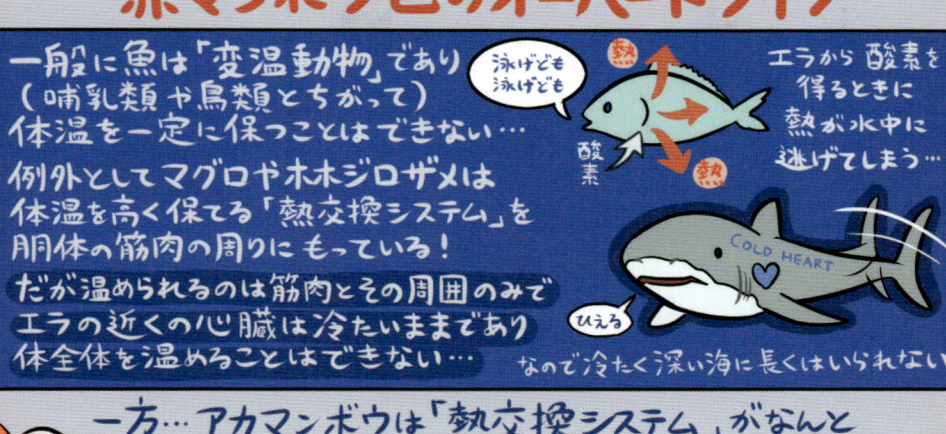

一方…アカマンボウは「熱交換システム」がなんと（サメやマグロとはちがい）エラのすぐ内側にある！それゆえ心臓を温かい状態に保てるのだ

> ふるえるぞハート

> 燃えつきるほどヒート!!

このメカニズムにより（脳なども含む）体全体に温かい血液を巡らせることができる！

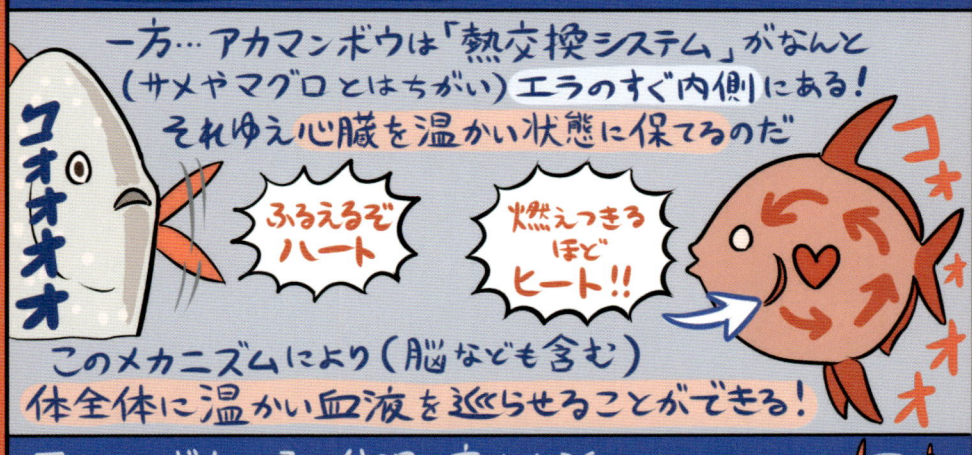

アカマンボウはその体温の高さを活かして冷たい深海でも高速で泳ぐと考えられている（イカのような素早いエモノも捕獲可能！）

> 刻むぞ血液のビート!!

「冷たい心臓」をもつ「冷たい体」という鉄則から逃れられないはずだった魚類…

その常識を激変させたアツすぎる存在として今後もアカマンボウは注目の的となるだろう！

> ウワーッ

図解 凍てつく海の長老
ニシオンデンザメ

北極海に棲む巨大なサメ！
この世で最も長寿の脊椎動物であることで知られる…！
平均寿命はなんと約200年！！

英名：Greenland Shark
体長は通常 2.5〜4.3m

大きい個体はホホジロザメに匹敵
よんだ？

寄生生物のカイアシに眼球に寄生され視力を失っている個体も多い…

目 うまい

目玉の表面をかじり続けるカイアシ
ガジ
ガン
いたい

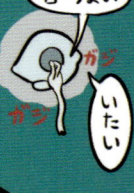

世界一泳ぎの遅い魚としても知られる（時速1km）
そのスピードは赤ちゃんのハイハイ程度！

ダァーッ
まーて

人間を襲うことはないが食べられるものはなんでも食べる！

スャー
尾びれを一往復させるのに7秒かかるとも…

だがなぜか胃の中から素早いアザラシが見つかることもある
シロクマをさけて水上で眠っているアザラシを食べているのだろうと思われる…

シロクマ

胃から見つかったもの

長ぐつ
トナカイ

人骨
えっ

４世紀 オンデンゲリオン

長生きで知られるニシオンデンザメだが
なんと約400年も生きた個体が発見された！
その寿命の長さは脊椎動物ではダントツの1位！
（それまでの最高記録は ホッキョククジラの 211歳）

眼の水晶体から
寿命をはかる

ちなみに無脊椎動物を含む
あらゆる生物の中でも 2位！

くやしい
ホッキョク
クジラ

がっでむ

やるね

1位は507歳の
アイスランドガイ →

ナイスガイ

400歳のニシオンデンザメが生まれた頃…

あたし
ニシオンデン
ザメ

（イメージです）

なんでもすぐ
食べちゃうの

徳川家康死亡
（1616）

ドイツ三十年戦争
勃発（1618）

ピルグリム・ファーザーズ
アメリカに到着（1620）

ウワーッ

第二次プラハ
窓外投てき事件

ニライ

コワイ

アメリカ

メイ
フラワー
号

イギリス

スゴイ

マイナス1度にもなる北極の海水温に適応したのか
ニシオンデンザメの代謝は非常に遅い
1年にほんの1cm程度
果てしない時間をかけてゆっくり成長する
（500歳まで生きる可能性もあるそうだ）

400年後

サムイ

気の遠くなるような長い時間を
凍てつく海で孤独に過ごすニシオンデンザメ…
その濁った目には何が映っているのだろうか…？

………

………

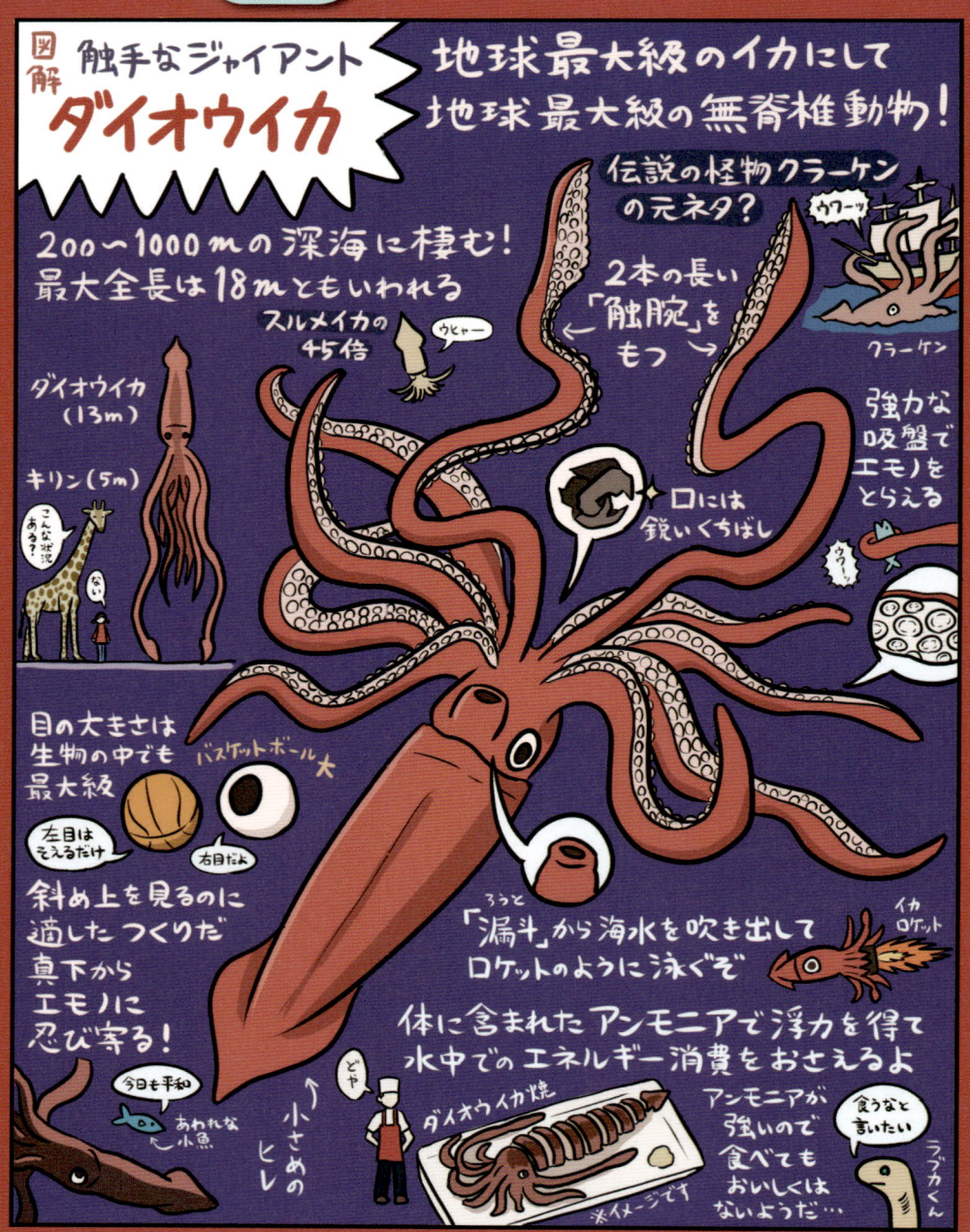

マッドマッコウ vs イカりのデス大王

深海の王・ダイオウイカにも天敵がいる
それは マッコウクジラだ！
イカ類を主食とする
マッコウクジラにとって
ダイオウイカはごちそう！
巨大生物同士の激しいバトルだ

おれ？
ダイオウ
グソクムシ

ちがった

まっこう勝負
フフッ
ベタに弱い
ラブカくん

実際にマッコウクジラの胃の中から
ダイオウイカが 見つかったり
クジラの顔に ダイオウイカの
吸盤の跡が 残っていたりと
対決を示す証拠は 数多い

無関係の
よっぱらい
スルメ

触手を
口から
ぶらさげて
いたことも

ダイオウイカに音波のビームを浴びせ
マヒさせてから 捕らえるという説もある

クジラがせめてきたぞっ

マッコウクジラとダイオウイカの戦いが
目撃されたことは まだ一度もない…
だがクジラに 高性能カメラを取りつけ
その視点から 海中の世界を のぞいたりと
意欲的な試みが 世界中で行われている

なんか
ついてるよ

なにが

巨大クジラと巨大イカの
ロマンあふれる 伝説的な戦い…
その決定的瞬間が カメラに
とらえられる日も 遠くないだろう…！

それはそれとして
ダイオウイカで
巨大スルメを作る
日本人

いかがなものか

やかましい

フフッ

図解 百蟲の王 ダイオウグソクムシ

深海に棲む謎だらけの巨大蟲！75cmをこえるものも発見されている世界最大の「等脚類」だ
とうきゃくるい

漢字では **大王具足虫**
「具足」とは **ヨロイ・甲冑** のこと
かっちゅう

エイリアンのような目は
4千もの小さな
目が集まった
複眼 だ！

目の奥にある
反射板（タペータム）で
深海の
少ない光を
有効活用！
暗いと
**目が
光る** ぞ

ねこも
ひかるよ

サメもな…
ラブカくん
しくみは
似てる

等脚類のなかまたち

ダンゴムシ　ワラジムシ　フナムシ　王蟲

外から攻撃をうけると
丸くなる
グググ…

でもダンゴムシ
ほど丸くは
なれない

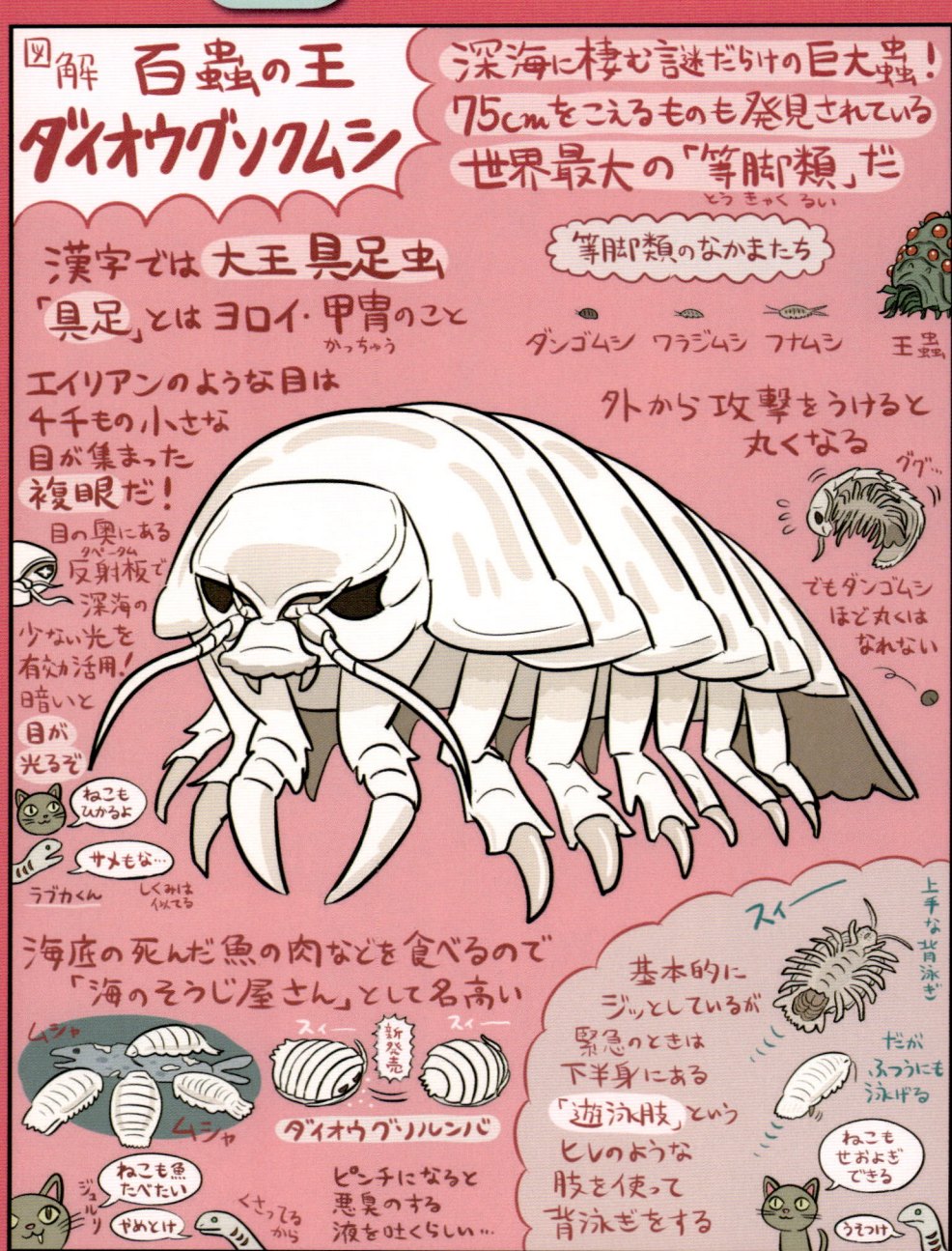

海底の死んだ魚の肉などを食べるので
「海のそうじ屋さん」として名高い

ムシャ
ムシャ
ジュルリ
ねこも魚
たべたい
やめとけ
くさってる
から

スィー　新発売　スィー
ダイオウグソクルンバ

ピンチになると
悪臭のする
液を吐くらしい…

スィー

上手な
背泳ぎ

基本的に
ジッとしているが
緊急のときは
下半身にある
「遊泳肢」という
ヒレのような
肢を使って
背泳ぎをする

だが
ふつうにも
泳げる

ねこも
せおよぎ
できる

うそつけ

2月14日は何の日？ ダイオウグソクムシの日

三重県にある鳥羽水族館のダイオウグソクムシ（その名も「No.1」）は なんと 5年間も何も食べていない 驚異の絶食ダイオウグソクムシ として アツい注目を集めていた…！

魚をあげても食べない

だが 2014年2月14日… ついに「No.1」は 突然の死をとげ 帰らぬグソクムシとなった… 当然 だれもが「餓死か…」と思ったが 体重が入館時から全く減っていない うえに 飼育員が胃をあけてみると その中身は ナゾの液体に満たされているではないかー？

胃

液体からは酵母のような菌類が発見された！ この菌こそが「食べずに長生き」という超体質と 深く関係している可能性もゼロではないそうだ…

万一 その力によって 人類の諸問題（食糧や寿命など）が 解決されるようなことがあれば 2月14日は きっと 聖なるダイオウグソクムシの祝日となることだろう

たたえよ

COLUMN2 載せたかった！みずの生きもの

タツノオトシゴ

馬を思わせる独特なルックスだが
ヨウジウオというれっきとした魚の仲間
オスが「妊娠して」子どもを産むという
自然界でも極めて珍しい習性をもつ！
オスのお腹には「育児嚢」という袋があり
メスがこの袋に卵を産みつけるのだ
オスが受精卵を持ち運んで育てた後
稚魚を放出する光景はどこか幻想的だ…
最大2千匹の稚魚を産む種類もいるという！

ジンベエザメ

世界最大のサメにして世界最大の魚！
12mを超える巨体を持つサメだが
のんびりした動きと性格だ
大量の水を吸い込んで
プランクトンなどを
「濾過（ろか）」して食べるぞ
サメ好きには憧れの魚だが
人前に現れることは少なく
その生態はまだ多くの謎に包まれている…

クダクラゲ

時に3mにも達する大きなクラゲ…だが
正確にはいわゆる「クラゲ」ではなく
極小の個体（ヒドロ虫）である生きものが
寄り集まって暮らしている「群体生物」！
その形態は想像を絶するほど多種多様だ
それぞれの個体は
捕食、泳ぎ、生殖、防御など
専門的な役割を持って協力しあっているぞ
バラバラの個体がひとつの生物として生きる…
そんな不思議な生命の形も存在するのである

第3章
身近な生きもの

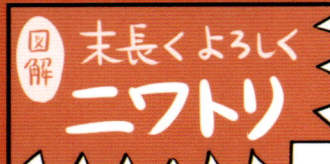

図解 末長くよろしく ニワトリ

人類がお世話になってる鳥ランキング ぶっちぎりの第1位!! （2014年調べ）
日本に3億 世界に214億羽いるとされる
地球で最もメジャーな鳥! それがニワトリだ

肉は安くて美味しくて
栄養もバッチリで
宗教的タブーも少ない
圧倒的ハイスペック!
豚肉 を抜いて
世界一メジャーな
肉になる日も近い
とされる

人とニワトリは
8000年にも
わたる長い長い
つきあいがあるぞ

日) コケコッコー!
英) クックドゥドゥルドゥ!
仏) ココリコー!!
江戸) 東天紅エー!!

朝 決まった時刻に
大声で鳴く
習性をもつため
昔の日本ではまず
「時計」の一種として
普及したようだ
（たぶん弥生時代）

5時です

ニワトリの「先祖」は
セキショクヤケイという
野鳥だと考えられている!

こ殺す

鳥島様
といわれる
めちゃくちゃ
するどいツメ

ナワバリ意識が強く
鋭いツメのキックは
とってもデンジャラス!
昔の人がなんでまた
こんなひたすら扱いづらい
凶暴な鳥を飼おうと
思い立ったかは いまだに 謎だが
とにかくここから全てが始まった…!

ブタ

えっ ニワトリの先祖って
凶暴なの…こわい

おめーが言うな

イノシシ

1年に300コ近くの
タマゴを産む! （白いホン）
日本全体では年間250万トン!
タマゴは （肉以上に）様々な形で
人間の食生活の隅々まで入りこんでいる
この世で最も重要な食べ物のひとつだ

一般的な現代人が
タマゴを口にしない日は
ないと言っても過言ではない

かんしゃ
しろよな

ひよこ

その名も高き コロラド州の 首なしニワトリ

1945年 コロラド州のある農家の人が
チキンの 丸焼きを 作るために
ニワトリの 頭を 切りおとした…
だが なんと そのニワトリは
頭を 失ったあとも ヨロヨロと
歩き続けるではないか！

WHAT THE HELL

さらに 次の日になっても そのニワトリは 生きていた…！
首なしニワトリは マイクと名づけられ一躍 有名になる
首の穴から 直に水とエサをもらいながら
（見世物に されたりしつつも）
マイクは 飼い主に ていねいに 育てられ
ある日 のどをつまらせて 死んでしまうまで
実に 1年半もの間 生き続けるのだった…

FE
THE HEADLESS CHICKEN MIKE

マイクが「首なし」でも生きのびた理由は
脳のある 頭の後ろ半分が
実は 残っていたからではないか？
…とも 考えられるが 何にせよ
スゴイ生命力であるのは たしかだ

頭 ↑脳

コロラド州 フルータの
首なし
ニワトリ
マイクの
像
（カッコイイ）

生への飽くなき意志に敬意を表して
地元の町にはマイクの像が造られ
毎年「首なしニワトリ祭り」が開かれているぞ！

HAPPY NEW YEAR 2017

もうちょいメデタイ
話 なかったの

ぐろい

図解 このハトを見よ ドバト

おもに都市部で大繁栄しているハト！
世界に2億6千万羽いるらしいが
毎年 **全体の35%が死ぬ!!**

生 死 ウワーッ

都会で生き抜くのも
ラクではないのだ…
（おもな死因は餓死・凍死
ネコやタカ類に食べられるなど）

知能は意外なほど高いぞ！
よくエサをくれる人間を
1Km先から見分けられる

エサくれる
やつだ

エサだ

エサの
うごきだ！

ハトには遠く離れた場所からでも
**自分が生まれ育った土地に
「帰ってくる」能力があるぞ！**

帰巣本能とも
よばれる能力だ

太陽や地磁気を用いる説
ニオイに頼っている説
諸説あるが その
原理はナゾだ…

歩き方・服装・顔など
人の特徴を細かく
観察して記憶するぞ

ハトをのぞくとき
ハトもまたこちらを
のぞいているのだ——
ニーチェ

言ってない

ニーチェ

ハトは「ピジョンミルク」という
栄養たっぷりの液体で
子育てをするよ
オスもメスも
ミルクを出す
ことができる！

ノドから
出す

ちなみにハトのヒナは
動物のなかでも
トップクラスに
成長が早い！

ハトの帰巣本能の
利用例

伝書バト

ハトに手紙をもたせ
通信手段にする！
戦争中に大勢の命を救い
英雄となったハトも…！

ハトレース

ハトがどれくらいの
スピードで鳩舎へ
帰ってこられるか競う
本格的なレースだ！

コウテイペンギン

うちも

7日で
こうなる

おそるべし ピジョンミルク…

※ハトのおうち

しつもんコーナー！ ニーチェ先生にきいてみよう

Q ハトはなぜ首をふって歩くの？

A
ニーチェ先生
知らない　知らない

首を前後にふりながら進む **ハト独特の歩き方…**
その理由は「動く風景を目で追うため」だとされる！

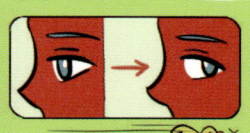
人間は動くものや景色を見るとき
無意識に眼球を動かしている
（デジカメでいう「ブレ」を防ぐための
自動的な目の反応といえよう）

一方ハトは人間のように眼球を動かすことができないので
目ではなく首を柔軟に動かして視界を安定させるぞ

フクロウが目のかわりに
顔のほうを回す理由とも似ている

このように **ハトの歩行** というのは **実はスゴイのである**
そう ニーチェ先生もこう言っているほどだ――

> ハトの歩みでやってくる 思想こそが
> 世界を左右する――　　　ニーチェ

言ってな…
いや 言ったな
うん 言った

『ツァラトゥストラは
かく語りき』
第2部 第22節
「最も静かな時」より

じが
よめない

右足
左足
首をのばす
左足けり出す
首をちぢめる
右足けり出す
これをくりかえしながら前に進んでゆく…

図解 おいしくて神秘的 シチメンチョウ

クリスマスや感謝祭など祝日に焼かれて食べられる鳥として有名！

命からがら逃げ出したシチメンチョウを追い回すという悪趣味な歌も大人気だ！

ひどい
とり

英名 Turkey

トルコ(Turkey)経由で伝わった
ホロホロチョウとゴッチャになって名づけられた？

シチメンチョウを英国に運んだのがトルコ人だったから…という説も

頭から首にかけて肌がむきだしになっており気分に応じて様々な色に変れる！
「七面鳥」の名前の由来だ

アメリカでは感謝祭の日に大統領がシチメンチョウに「恩赦」を与えるという不思議な風習がある

ゆるしてつかわす
何を

繁殖期にはクジャクのように羽を広げる

死んだネコの周りをグルグル回るナゾめいたシチメンチョウの群れの様子が観察されたことも…

クリスマスに食べられることの多いシチメンチョウだが…

実は「聖なる夜」にふさわしいきわめつけの不思議な性質をもっているぞ！
その性質とは一体…？

さっぱりわからん

ワカランチョウ

なんと…シチメンチョウは「メス単独」で子どもを産んだ例が確認されている！

（シチメンチョウのような）有性生殖をする生物のメスが オスとの交配を経ることなく子を作ることを「単為生殖」と呼ぶ その不思議で神秘的な現象はどことなく聖夜の「処女懐胎」を連想させはしないだろうか…？

やんごとない

いっしょにしないでくれる
ジーザス

ふつう卵細胞は受精によって 赤ちゃんへと成長していくが 受精を経ずに新しい命が生まれるケースも意外とあるのだ

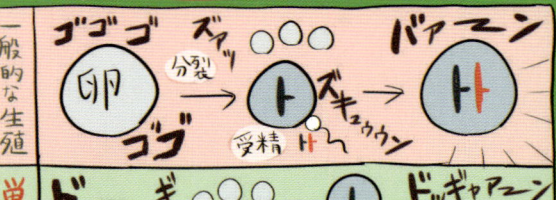

一般的な生殖

ゴゴゴ
卵 ─分裂→ ズバッ ト ズキュウウン → バァーン ト
ゴブ 受精 ト

単為生殖

ドドドド
卵 ─ギャン→ 分裂 H メメタア ト ト 分裂 → ドッギャアーン H ト 再び融合

※わかりやすい例としてサメの生殖を比較した図

鳥（シチメンチョウ）の他にも 虫（ハチ）魚（フナ、サメ）両生類（サラマンダー）ハ虫類（コモドオオトカゲ）などなど色んな種で単為生殖が行われているぞ

スゴイ

ほ乳類には単為生殖が不可能といわれていたが近年ネズミの（人為的な）単為発生に成功している！

2004年に東京で生まれた単為発生ネズミさん「カグヤ」

いつの日か人間の単為生殖も夢物語ではなくなるかもしれない…シチメンチョウもまたそうした未来を予感させてくれる神秘的な生物なのだ…今年の聖夜はそんなシチメンチョウに思いをはせながらクリスマスチキンを食べてみよう！！

ニワトリじゃねーか

秘密のシジュウカラ・センテンス

なんとシジュウカラに「文法」を扱う能力があることが
近年の研究で明らかになった！
「単語」のような鳴き声を組み合わせることで
「文章」を作って コミュニケーションを行う

ヒト以外の動物にこうした「言語能力」が
存在するとわかったのは画期的だ
チンパンジーなどの霊長類にさえ
そんな能力は 見つかっていない…

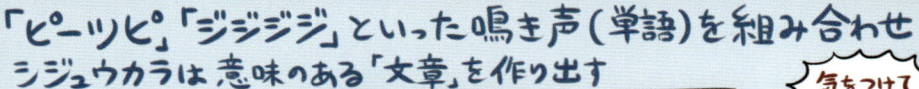

I
AM
A BIRD

BANANA

「ピーツピ」「ジジジジ」といった鳴き声（単語）を組み合わせ
シジュウカラは 意味のある「文章」を作り出す

たとえば「気をつけろ」と
「集まれ」を組み合わせれば
「気をつけて 集まれ」となる
（人工的な音声にも反応）

ピーツピ
気をつけろ

＋

ジジジジ
あつまれ

→

気をつけて
あつまれ

ん！？　ん！！　ヨッシャ
わかった

メカ
シジュウカラ

ジジジジ
あつまれ

＋

ピーツピ
気をつけろ

なんて？

組み合わせには 特定の
「文法ルール（語順）」があり
順番を入れかえてしまうと
うまく 意味が 伝わらない…

全く異なる種であるヒトとシジュウカラが まるで
「収斂進化」（別のルートで似た進化をとげること）のように
「文法」を獲得したことは非常に興味深い…

シジュウカラの「言語」の秘密を読み解けば
人間の「言葉を操る能力」が進化した過程を
解き明かすことにも つながるだろう
身近な生き物はまだまだ私たちの知らない
謎をたくさん 隠しているのかもしれない…

むずかしや
どれが人間
どれがサル
シジュウカラ

BANANA

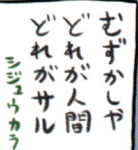

季語が
ないですね

そしてヤツらは空へ飛び立つ

コウモリはどのように「飛行能力」を獲得したのだろう…？

隕石IN
ドモーンス

翼竜OUT
グワーッ

鳥類DOWN
とり
ウワーッ

コウモリGO!
今しかねえ

コウモリ
鳥

中生代が終わって翼竜が絶滅し
鳥類も勢力を失いつつあった時代に
コウモリは空に進出したと言われるが
翼を獲得した道のりには謎が多い…

コウモリの翼の構造は
鳥とは全く異なる…

だが原初コウモリ「オニコニクテリス」の化石が発見されたことで
コウモリの進化の謎に迫る大きなヒントが得られた！

※イメージ
とびてぇー

化石から推定されること

かんしゃ
しろよな

・コウモリの祖先は樹上性の哺乳類

・最初は滑空と羽ばたきを
　繰り返しながら飛んでいた

ぱた スィー ぱた
ぱた ぱた

・飛行能力→エコーロケーションの順番で獲得
　（オニコニクテリスは骨格の構造的に
　エコーロケーションができないため）

5本の指
すべてに
ツメがある

コウモリと
ナマケモノの
間のような
短めの前肢

いいもん
べつに
フン

「飛行」と「エコーロケーション」という画期的なスキルを
２つもゲットしたコウモリは爆発的な躍進を遂げる！

昆虫の増加が同時期に起こったこともあり
競争相手の少ない時代の夜空はコウモリにとって
よりどりみどりのバイキング状態だっただろう

ウワーッ

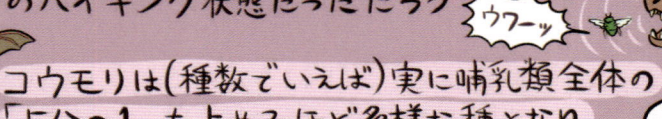

スゴーイ

コウモリは（種数でいえば）実に哺乳類全体の
「5分の1」を占めるほど多様な種となり
地上での大繁栄を果たすこととなった…！

ずに
のるなよ
とり

ヤモリのスゴイ足の裏

Q ヤモリの足の裏には吸盤も粘液もない
…なのに なぜ カベや天井を歩けるのか？

A ファンデルワールス力（りょく）という
原子の間にはたらく電気の力を使っている！ wow

指

せん毛
seta

スパチュラ
spatula

ヘラの
ような
形をした
極小の毛

「スパチュラ」がカベや天井の原子と引き合うことで
ヤモリは縦横無尽に歩きまわれるぞ！
1本1本の吸着力はとても弱いが
スパチュラの総数は 約20億！！
ヤモリの体重を支えるくらいは余裕だ
（指1本でも天井から ぶら下がれる）

あくまで
「弱い力」なので
ちょっと足を
ズラせば
かんたんに
「解除」できて
すばやく動けるのも大きなメリット

カベ
スパチュラ

ヤモリの足の吸着力を
医療・工業・清掃といった
様々な領域で応用するための
研究が進められている…！
（こうした技術を 生物模倣（バイオミメティクス）とよぶ）
※日東電工の「ゲッコーテープ」など

ガラスの
カベを
のぼれる
ヤモリ
グローブ
の開発も
進んでいるぞ！

すでに7mくらいは
のぼれるらしい

**イモリって
スゴイんだニャ**

ヤモリだっ
つってんでしょ

ウネ
ウネ

すでによ
それ

洗わないしクマでもない

図解 アライグマ

おもに北米に棲む哺乳類！
タヌキとよく似ているが
全くちがう種類の動物だ
（もちろんクマでもない）

なぜかよくキャラクター化される

アライグマ（アライグマ科）　タヌキ（イヌ科）

英名 raccoon　　raccoon dog

Oh Yeah〜

水に前足を浸ける
独特の行動が
「アライグマ
洗い熊」の由来だが
実際はエサを洗うワケではない！

野生のアライグマには
水中を手さぐりして
エモノを探す
習性があり…

ウラッ

ザリガニ

柔軟な足首と
鋭いツメを駆使して
木を自由に
のぼりおり
できるぞ！

この仕草がまるで
「エサを洗っている」
ように見えたことが
誤解の原因とされる

ふつうの哺乳類の
5倍の触覚細胞をもつ

アライグマは哺乳類の中でも
トップクラスに優れた
鋭い「触覚」の持ち主だ！
抜群の感度を誇る手（前足）で
アライグマは世界を「見て」いる
ともいえるぞ

全然ちがうよ

← きびしいカリフラワー

日本では70年代から
『あらいぐまラスカル』の影響もあり
アライグマの飼育数が激増＆
野に放たれ野生化…！

アニメはアニメだからな

ドライぐま

生態系をおびやかす
外来種としてアライグマは
今も大きな問題となっている

北海道では年に1万匹ほどの
アライグマが捕獲されている…

つらい

つらいぐま

← 2015年度

ゲット ワイルド そして タフ

アメリカやカナダの大都市では
持ち前の器用さをタフに活かして
アライグマは大繁栄をとげている

アスファルト タイヤに気をつけながら
暗闇 走り抜ける 姿は まさに 都会（シティ）の 狩人（ハンター）だ

チープなスリルに
身をまかせる
アライグマ

おもな 食料は 家庭や路上のゴミ箱に 入っている 残飯！
人間側もゴミを漁られないようロックなどで 対策するのだが
試行錯誤を重ねた末に フタを開けてしまう アライグマもいる…!

ムシャ
ムシャ
うまいぐま
うまい

ひとりでも解ける
愛のパズル（ロックされたゴミ箱）を
抱くアライグマ

NO RACCOON

もはや対策をあきらめて
アライグマを家に招き入れて
エサをあげてしまう
人もいるようだ…

うまいか
うまい

やさしさに
あまえて
いたいぐま

人間がアライグマに 対策を 講じれば 講じるほど
アライグマは 学習能力を発揮して 徐々に 賢く たくましくなる…!
そんな ゲットワイルド ＆ タフを
くりかえしていった あげく
いつしか 人間に アライグマが
とってかわる 日がくるかも
しれない… という ウワサも
ささやかれている とかいないとか…

アライグマ（あらいぐま）が
せめてきたぞっ

みらいぐま

COLUMN3 載せたかった! 身近な生きもの

柴犬

なんとも愛らしい朴訥（ぼくとつ）とした風貌や
飼い主に対して忠実な性格によって
特に日本では非常に人気の高い犬種だ
実際 人間との付き合いの歴史も
縄文時代にさかのぼるほど長い
安心感あふれるパートナーの柴犬だが
まさかの「オオカミ」とDNA的に最も
似ている犬だという衝撃的な事実も!
まだまだ興味の尽きない柴犬である…

非常に優れた頭脳を持つとされる
近所でカーカー鳴くおなじみの黒い鳥!
その賢さにもかかわらず（賢さゆえ?）
人間からは邪魔者あつかいされがちだ
だが人間のつくり上げた理想空間「都市」が
たくましく生きているカラスの欲求を
見事なまでに満たしてしまったことが
カラスがここまで繁栄した原因でもある…
一筋縄ではいかない鳥・カラスとの
付き合い方を今後も模索していくべきだろう

ハシブト
ガラス

タヌキ

昔から日本人の近くで暮らしてきた哺乳類!
民話や童謡に繰り返し登場することからも
日本文化に深い影響を及ぼしているとわかる
日本ではなじみ深い動物のタヌキだが
東アジアの一部に生息するだけで
実は世界的には非常に珍しい動物だ
そのレア度は海外の動物園が
世界三大珍獣「コビトカバ」と
交換してくれたほどである…!

★★★★
スーパーレア

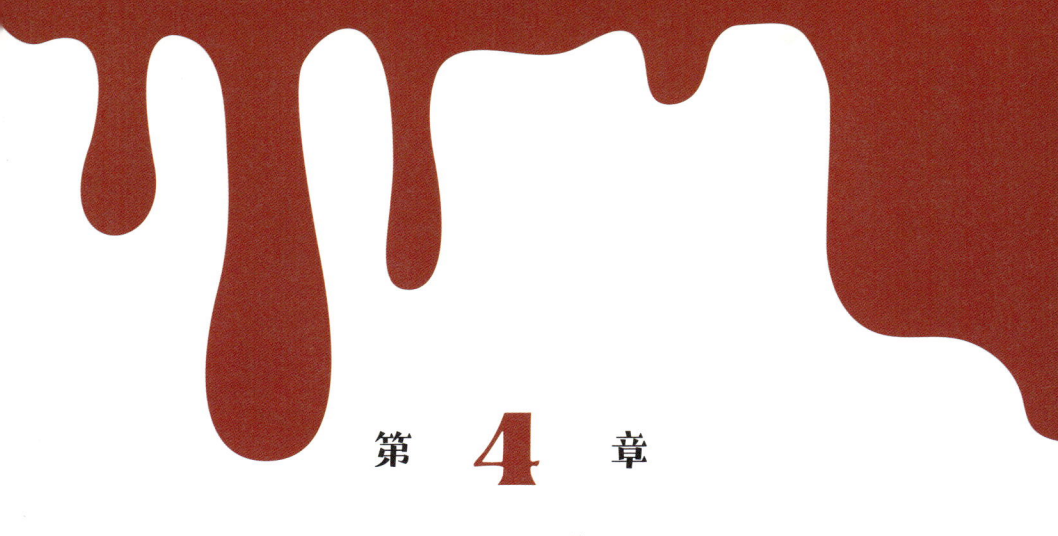

第 **4** 章

こわい（?）生きもの

図解 吠えろ夜空に オオカミ

世界最大のイヌ科にして
あらゆる「犬」のご先祖様だ

一般に「オオカミ」とは
タイリクオオカミ
(ハイイロオオカミ)のことだ
たくさんの亜種がいるよ
(絶滅したニホンオオカミなど)

Q あらゆるっていうのは
柴犬もですか

A.はい
柴犬はDNA的に
最もオオカミに似た犬

「一匹狼」のイメージとは裏腹に
声や仕草、遠吠えで
コミュニケーションを
欠かさない
社会性の高い
動物だ!

遠吠えは
ナワバリを
主張したり
仲間を探す
ための行動

鋭いキバとツメ
バツグンの
身体能力と
スタミナを
かねそなえた
生粋のハンターだ

こわいね
子豚

6～8匹ほどの
「パック」とよばれる
群れで狩りを行う!!

「パック」のオオカミには
オスとメスのカップルを
頂点とした きびしい
順位システムがあるぞ
そこから外れると「一匹狼」になる

人間とオオカミの
歴史は長く複雑だ
文化史的に見ても
色々な神話や伝説や物語に
人間はオオカミを登場させてきた
邪悪な存在から畏敬の対象まで多岐にわたる

童話の悪役　ローマ建国者の
育ての親

狼男

だまれ小僧

しつもんコーナー！オオカミさんに きいてみよう

Q オオカミ さんは なんで 柴犬に なっちゃったんですか

A だまれ柴犬

オオカミは家畜を襲ったりすることもあり はるか昔から人間と対立してきた動物だ…
そんな オオカミが なぜ 人間の最も身近な パートナーである 「犬」へと ダイナミックな 進化をとげたのだろうか…？

仮説のひとつとしては 約3万年前の東アジアで 初めて人類が オオカミの飼育に 成功した…と言われる

しかし オオカミのような 気性の荒い 肉もマズイ エサも大量に消費する コスパの悪い動物を なんでまた 昔の人が 飼おうとしたかはナゾだ！

それでも 世代を経るごとに オオカミが 人間に従順な「犬」に変化していくにつれて 犬（元オオカミ）は 人の大切な パートナーになった

そんなもんじゃねーの

のちの ニワトリ （凶暴）

のちの ブタ （凶暴）

現在も 野生のオオカミと人間は 友好的な関係に あるとはいえないが 子オオカミの頃から接していた人が 群れに快く受け入れられた例もある

やはり 人間と オオカミの間には 特別な絆 〜KIZUNA〜 が 存在していたのかもしれない…

つまり ぶたみたいな ものってことか

だまれ 子豚

すぐ おこる

シロクマもでかいよ

図解 北の巨獣 ヒグマ

世界中に生息している クマ科最大のクマ!!
日本で最も大きい陸上動物だ

日本では北海道にのみ生息している!

本州にいるのは全てツキノワグマだよ

よろしくま って

分類的には「エゾヒグマ」という亜種

じゃがぽっくる

数百kgにもなる巨体だが時速60kmで走ることができる

人が走って逃げることはまず不可能だ

巨大な前足!
その気になれば大抵の動物を一撃で葬り去れる哺乳類最強クラスのパワーだ

…そんな破格のパワーをもつヒグマだが
狩りを行うことはあまりない
とりわけ北海道のヒグマは近年草食化が進んでいると言われているよ

…などが主なエサ
アキタブキ
木の実
エゾシカ(死体)（ヤマクワガタ）
意外とサケはあまり食べないそうだ
えっ

エサをたくさん食べたら晩秋から春先まで4ヵ月程飲まず食わずの「冬ごもり」を行う

雪

ひま

ずっと眠っているわけではないので「冬眠」とは少しちがう

脈拍・呼吸が大きく減少し体温も4〜5℃下がるよ

キュート・オア・モンスター？

クマほど両極端なイメージをもたれている動物は他にいないと言っても過言ではない…
「かわいいマスコット動物」の代表格でもある一方で

熊トルネード
このクマがヤバイ 第1位

人は食べないよ
キュートベアちゃん

（特に ヒグマは）恐るべき人喰い動物としてのイメージがいまだに強い！

うそだよ　ムシャ　グワーッ
ディカプリオ
ムシャ

現実に恐ろしい事故（三毛別事件など）も起こっているし仕方ない面もあるのだが…

しかしヒグマは決して血に飢えた殺人モンスターではなくむしろ（大抵は）穏やかで慎重な性格をした野生動物だ

日本で人がヒグマに襲われ死亡するような事故は年に1度あるかないかの極めて稀なケースだといえる

（参考：ハチによる死亡者　23人　　2015年のデータ
　　　　川での死亡者　235人　）

クマから見た人間（想像図）
ヒィエエエ
キモイ

ヒグマのほうも人間のような得体の知れない二足歩行のキモイ生物とはあまり関わり合いになりたくないのだろう

恐ろしさと奥深い魅力を併せもつヒグマ…
この不思議な動物と共存していくためにも
まずは遭遇しないように気をつけること

クマ撃退スプレー　などの準備を整えること

万が一バッタリ出くわしてしまっても
パニックにならずに行動することが重要だ
そして何よりクマという生物を正しく
知ろうとする姿勢こそが求められている

クマさんとの4つの約束
① なるべく集団で行動してね
② 鈴や手をならして音をたてて人間がいると知らせてね
③ 絶対にエサはあげないでね（人に近づく動機となるため）
④ ③はガチ

ブシュウウウ
ウワーッ

図解 優しき巨人 ゴリラ

アフリカの森林に棲んでいる地球最大の霊長類（ヒトを含むサルの仲間）！ビッグ・ヘビー・そしてパワフルだ!!

「KONG」は英語名ではなく映画『キング・コング』のモンスターの名前だよ

つよいぜ

ドンドコ ドンドコ

こういう↑凶暴なゴリラのイメージはまちがいだといわれている

なんだと

ゴリラのドラミング（胸を叩いて音を出す行動）は 長いあいだ「威嚇行為」だと思われてきたが 実際は争いになりそうな状況を丸くおさめるための平和的な合図 など様々なやりとりに用いられる

おちつこうか

ポコポコポコポコ

うそだろ

手の形は グー ではなく パー

握力は非常に高いといわれるリンゴ程度なら一瞬で粉々だろう

HOW TO EAT APPLE
リンゴのたべかた

アイ ラブ アン アッポウ♪

アイ ハブ アン アッポウ♪

Ah!!

ちくしょう！ いつもこうだ

誰もお前を愛さない

ゴリラは見かけに反してとても繊細な動物だよ

特に飼育下ではささいなストレスでもおなかをこわして下痢をしたりウツ気味になったりしがちだ 知能の高さの裏返しでもあるのだが…

バナナでもくおうぜ

ウツに理解のないゴリラ

ワイルド・ゴリライフ

「シルバーバック」と呼ばれる
オスのリーダーを中心にして
複数のメス・オス・子どもと
10頭ほどの群れで暮らす

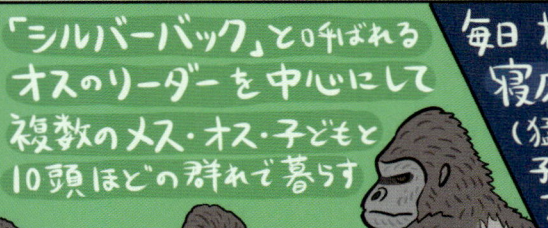

毎日 枝や葉を集めて
寝床（ネスト）を作る
（猛獣を避けるためか）
子どもやメスは樹の上で
大人のオスは地面で眠るよ

1日に30kg食べるという ゴリラの食生活は植物が中心！
筋肉質なのに肉とか食べなくていいの？と思うかもしれないが
腸内のバクテリアによって 植物繊維から
アミノ酸を合成することができるのだ
さらに虫（アリなど）を食べることで十分な
タンパク質を得られるよ

果物も大好物だ！

バナナはそんなに
食べないらしいよ

おれは
たべるの

※アフリカに
野生のバナナは少ない

最大の天敵は
意外にも
ヒョウ！

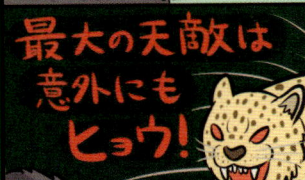

子ゴリラだけでなく
屈強な大人の
オスゴリラが
襲われることも…！

アイ ハブ
ア ガン

かわりはてた
ヒョウ

とはいえ 密猟で大量に
ゴリラを捕えたり 殺したりする
危険動物「人間」に比べれば
ヒョウなど大した脅威ではない…

絶滅が危惧される
ゴリラを救うため
今後も様々な対策を
とっていく必要がある

アイ ハブ
アン アッポウ

Ah!

図解 こんなにカワイイ♡
ホホジロザメ

ご存知この世で最強のサメ！
そのキュートな魅力を紹介しよう

びりびりサメレーダー

くんくんサメ鼻

頭の器官で生体電流をサーチ！
エモノをどこまでも追いかけるよ

何百mも先の
エモノの匂いを
かぎつける
血の匂いには
興奮しちゃうぞ

すいすいサメひれ

すごい速さで
泳ぐための
ヒレ

**ざくざく
サメ歯**

時に5cmを
こえる
大きくて
キュートな歯が
ズラリと
並ぶ

サメの
中でも
珍しい
三日月
しっぽが
キュート

**ざらざら
サメ肌**

きめ細かいウロコで
水の抵抗をへらすよ

ノコギリ状の歯で
エモノをざくざく
切りさくぞ

がぶがぶサメあご

ウミガメの甲羅も
かみくだく！

まことか

古い歯はどんどん
生えかわってゆく！

かむ力は海の生物で最強！
なんと推定1.8トンだ（人間は50kg）

72

ホホジロザメはこわくない！(かも)

おそろしいイメージばかりが
広まっているホホジロザメだが
人間を好きこのんで襲う
ことは ほとんどない！
サメによる死者数は世界で
年間10人ほどだと言われる

殺してる数でいえばサメより
よっぽどヤバイ動物たち

※年間推定データ

ゾウ	カバ	ワニ	犬(狂犬病)	ヤバイ
100人	500人	1000人	50000人	
ELEPHANT	HIPPO	CROCODILE	DOG	

数少ない被害の例として
水面に浮かぶ
サーファーを
エモノだと判断して

襲ってしまう
ことがある
ようだ…

ゴハンかな？

サメの目は（鼻に比べると）
あんまりよくないので
場合によっては 人も
アザラシもカメも
同じように
見えるのだろう

アザラシ

ウミガメ

似ても
似つかぬ

歴史的名作映画『ジョーズ』が
恐すぎたせいかホホジロザメは
乱獲の対象となりその数を
ガクッとへらしてしまったようだ…

4億年の歴史をもつサメという
美しく謎めいた生物について
（こわがるだけでなく）しっかり理解を
深めてゆく必要があるだろう…！！

JAWS

ハイハイ みんな
私が悪いんですよ

スピルバーグ

ウチニ
デンワ

友人のEさん

ガブガブ・ダブル

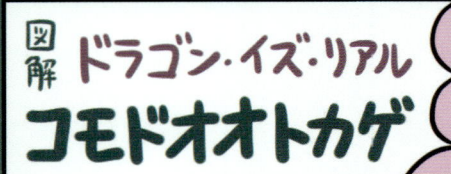

図解 **ドラゴン・イズ・リアル**
コモドオオトカゲ

インドネシアの コモド島などに
生息している世界最大のトカゲ！
全長は **3メートル** にも達する

時速20kmで　ウワーッ
走るという…
（マラソン選手の世界記録）

「**コモドドラゴン**」ともよばれる！

「**インドネシアのドラゴン**」として
20世紀初頭まで
伝説の生き物 と
考えられていた——

おもに屍肉を
漁って食べるが
シカやブタ
ときには
巨大な
スイギュウを
狩って食べる！
ごくまれに
人も食べる

ぎっしり並ぶ
ノコギリ状の
歯！そして

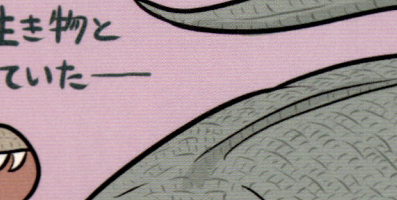

鋭いカギ爪で
エモノを引き裂くぞ

なんと **単為生殖**
（メスだけで子を作ること）
が できると判明している！
（2006年 イギリスの動物園にて）

その際 生まれるのは
オスのみである

オラーッ　　　オラーッ

**コモドオオトカゲ同士の
バトルはド迫力！！**

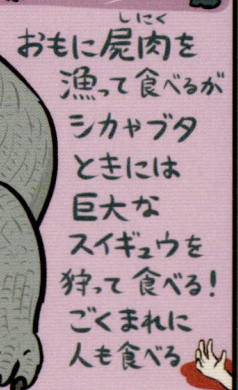

これほど大きな ハ虫類が
単為生殖をする例は極めて稀だ…

スゴイ
おまえもな

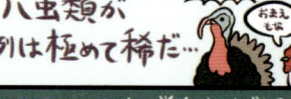

シチメンチョウも単為生殖できるよ

どくどくドラゴン

コモドオオトカゲは世界最大の有毒生物でもある！

コモドオオトカゲに
かまれたエモノは
衰弱して死ぬことが多い

→

口の中の細菌が
敗血症を引き起こすから
…と長年 考えられていた

→

しかし実際は
ちがっていた！

メゲない  ショゲない  逃がさない

ウワーッ

コモドオオトカゲは かみつくと
血液の凝固を妨げる毒を
エモノの体内に注入する！！

かみつかれた エモノは
血が止まらなくなる

ダラダラ

下アゴにある
5つの毒腺から
毒が放出される

一度 かみつけば
仮に エモノが
逃げたとしても
遅かれ早かれ
（失血死などで）絶命する

ウ…

ウ…ワ…

その後 ゆっくり
食べれば
いいのだ…

強力な毒液によってエモノを殺す 恐るべき「毒の竜」…
だが 近年 その血液成分を参考に作った 物質に
強い抗菌作用が あると 発表された！（感染症などに効く）

恐怖の対象であると同時に
恵みにもなりうる生き物…

メゲない
ショゲない
ケチらない

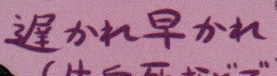

まさに「ドラゴン」の名にふさわしいのかもしれない…

図解 **沼に立つ怪鳥 ハシビロコウ**

アフリカの湿地にすむ巨大なクチバシをもつ鳥！
英語でShoebill（靴のクチバシ）

学名のBalaeniceps rexは
「クジラ頭の王さま」という意味

ちこうよれ

ハシビロくちばし

カカカカ

くちばしを叩いて求愛行為をするよ
（クラッタリングという）

飼育員さんにお辞儀をして親愛の情を示す

古代エジプトの壁画にもハシビロコウの姿が描かれているのだとか…

でかくね

ハシビロ足

長い指をもつ大きな足で沼地でも体が沈まない！

ハシビロコウ SHOEBILL

コウノトリの仲間と考えられてきたがどちらかといえばペリカンに近い鳥

そうなん

ペリカン

ハシビロウィング

めったに飛ばないが飛ぶときは飛ぶ

ねむるときはクチバシをマクラがわりに…

ZZ

よろ よろ

ヒナは生まれてから数カ月間はクチバシが重すぎてうまく歩けない…

ぐぇぇ

ハシビロコウは動かない

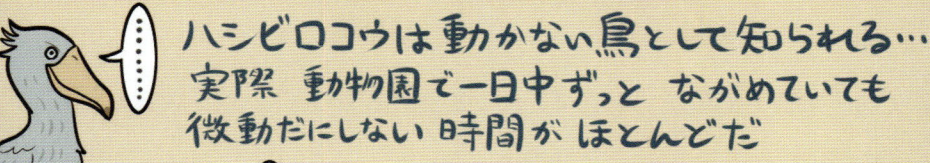

……ハシビロコウは動かない鳥として知られる…実際 動物園で一日中ずっと ながめていても 微動だにしない 時間が ほとんどだ

しかし決して怠けているわけではなく その行動(?)には 理由があるのだ それはハイギョを狩るためだとされる

ハイギョは酸素の取り込みを(エラではなく)肺に依存している Air

したがって 数時間ごとに 息継ぎをする 必要がある

その一瞬を ハシビロコウは 逃さない！

ウワーッ

ハイギョが 水面に出た瞬間 素早く捕まえるのだ！

動物園でじっと動かないハシビロコウも ひょっとしたら何かを「待って」いる のかもしれない…

ママ〜この鳥さん うごかないね〜

ワニの子どもを食べることも

ウワーッ

そう たとえば 丸呑みできそうな ちょうどいいエモノが 目の前に現れることを…

図解 裸の女王としもべたち
ハダカデバネズミ

地下の暗闇で集団生活を営む
毛皮をもたない 不思議な生き物!

体長は
10cmほど

アアーッ

1週間に5mmも
伸びつづける
長い歯はとても
敏感なスグレモノ!

なんと寿命は30年!
ふつうのネズミの
10倍も長生きだよ

元気? ピュ ビュー ふつう

17種類もの鳴き声で
コミュニケーション
をとる

ン ヤッ

前足を使い
大事な歯を
きれいに
する

エサは地下植物

イモ ウワーッ

目は退化していて
ほとんど見えないが
感覚のするどい歯に
ふれるもの等を通じて
外界を認識できる

貴重なイモを
探して地下を
掘り進む!

ハダカデバネズミは まさに
「歯で世界を見ている」のだ…!

空気が薄くなると
仮死状態に!
無酸素で18分も
生存できるという…

AIR

巣穴の長さは3kmにもわたる!

土を勢いよくけり上げるので
ボルケーノ(火山)とよばれる穴

ボルケーノ

イモ

「ハイウェイ」という
長い通路を軸にして
食事や睡眠用など
色々な部屋が作られる

シーッ

元気? ふつう

トイレ

リビング

ハイウェイ

脱出用の出口

トイレで
群れの
目印となる
ニオイを共有する

裸のゲーム・オブ・スローンズ

子を産める「女王」と繁殖できない個体が社会生活を送る（ハチやアリのような）生き物の特性を「真社会性」とよぶ

なんとハダカデバネズミは超レアな「真社会性の哺乳類」なのだ！

女王を頂点にしたピラミッド状のヒエラルキーのもと平均80匹（最大300匹）がコロニーを作っているぞ

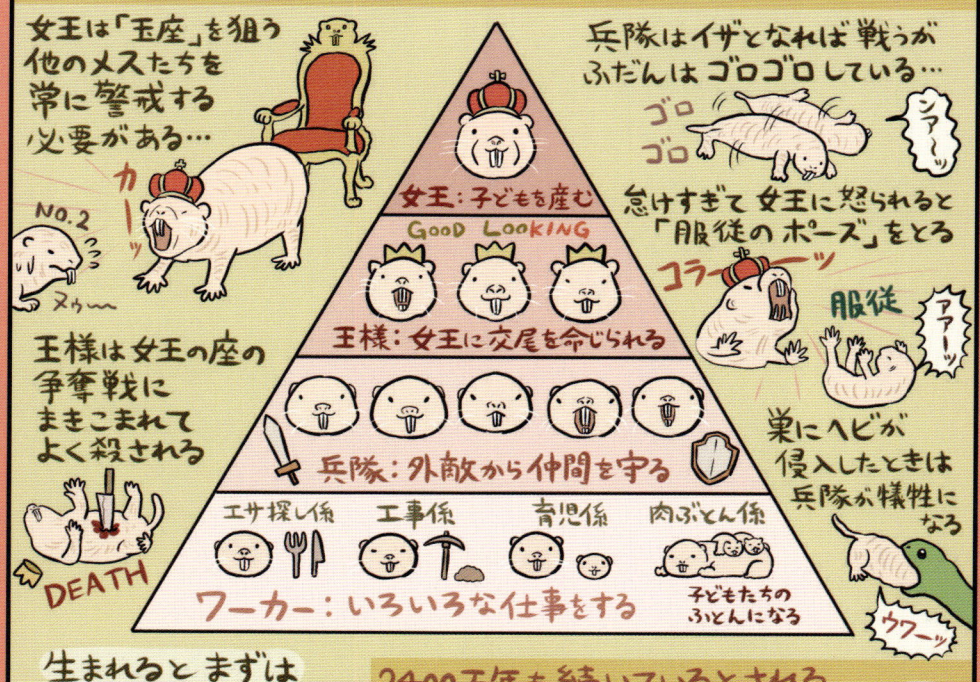

女王は「玉座」を狙う他のメスたちを常に警戒する必要がある…

カーッ

No.2 ブブブ ヌゥゥ

王様は女王の座の争奪戦にまきこまれてよく殺される

DEATH

兵隊はイザとなれば戦うがふだんはゴロゴロしている…

ゴロ ゴロ

シャーッ

怠けすぎて女王に怒られると「服従のポーズ」をとる

コラーッ

服従

アァーッ

巣にヘビが侵入したときは兵隊が犠牲になる

ウワーッ

女王：子どもを産む

GOOD LOOKING

王様：女王に交尾を命じられる

兵隊：外敵から仲間を守る

エサ探し係　工事係　育児係　肉ぶとん係

子どもたちのふとんになる

ワーカー：いろいろな仕事をする

生まれるとまずは全員ワーカーになる

最初は小さな木片を運ぶくらいしかできないが…

木片

だんだんそれぞれの役割を見つけていくよ

ウワーッ

2400万年も続いているとされるハダカデバネズミの地下王国…！

グワーッ

新女王

玉座を巡る争いや民衆のにぎやかな生活…今日も様々なドラマが生まれていることだろう

ハダカデバドラゴン

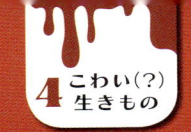

COLUMN4 載せたかった！こわい(?)生きもの

ヒクイドリ

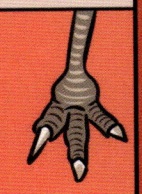

熱帯の大地を歩き回る巨大な怪鳥…！
「世界一危険な鳥」として知られている
鋭いツメのある太く強靭な足のキック
鳥の中ではダチョウに次ぐヘビーな体重
そして時速40kmにもなる疾走スピード…
万が一ヒクイドリに襲われれば
致命傷を負うこともありうるだろう
だが太古の恐竜を思わせるトサカなど
ワイルドな風貌には独特の魅力がある…

カバ

のんびりしたイメージとは裏腹に
「アフリカで最も恐れられている動物」
という異名も決して大げさではない
危険な魅力に満ちた大型哺乳類！
3トンにもなる巨体と強力なアゴを持ち
走る速さも時速30kmになるとされる
パワーとスピードを併せ持つ最強猛獣…
はるか昔からカバはアフリカの大地に
真の「王者」として君臨していたのだろう

蚊

「人間を殺した数」でいえば ここまで紹介した
危険な動物が束になっても この小さな昆虫…
「蚊」を上回ることは決してないだろう
蚊が媒介する伝染病によって死亡する人の
数は計り知れない…！(年に72万人ともされる)
間違いなく最も恐るべき生物の一種といえる
プーンという羽音は腹が立ってくるほど不快だが
病原菌を運ぶ蚊の羽音を「危険信号」として
察知できるように人間の耳の方が進化した説も…！
実に長い時間を人間と蚊は共に過ごしてきたのだ…

第 5 章

へんなむし

のぞいてみよう スズメバチの巣

最初は女王蜂が単独で作る!

だが 巣作りに成功するのは百匹に一匹程度… きびしい

巣の材料は木の繊維からビニールまでなんでもアリ

唾液と混ぜてかためていくよ

女王は「育房」という幼虫のベッドを作り卵を産む

1匹につき1つで正確な六角形だよ

ZZZ リアル

育房は円盤状に集まってマンションのような子育てフロア(巣盤)を形成している

ムシャ ムシャ

幼虫は働き蜂が運んできた肉団子を食べるよ

幼虫のノドを刺激すると栄養満点の液体が出る!これが成虫たちのゴハンになるぞ でろう

巣を守る外壁は何層も重なっていて断熱性もバツグン!(常に32度くらい)

大量の幼虫がくらしているスズメバチの巣は栄養満点の食料だ

子牛1頭に匹敵 なんと

なので 襲おうとする外敵も多い… ころす

オオスズメバチ

おいしそ ハチクマ

小さな出入り口

いーれて あやしい くんくん

女王蜂の匂い(フェロモン)が「通行証」になる

幼虫は1ヵ月で成虫(働き蜂)になる群れの数は千匹以上に!

エサが足りなくなると幼虫は非常食として肉団子にされてしまう!

ウワーッ すまんね トラウマ

図解 キュートぴょんぴょこ ハエトリグモ

どこにでもいる小さなクモ！
ぴょんぴょん跳ねながら
虫をハンティングするぞ

ニャーンってな

「8本足のネコ」ともよばれる

お？

マウスポインタを近いかけたりもするよ

あわせて8コの目がありとても優れた視力をもつ

英語で「Jumping spider」！
体の大きさの何十倍もの
大ジャンプができる種もいるよ

イェーイ

みぎ

主眼
前側眼
後中眼
後側眼

とび跳ねるとき筋肉はまったく使わない

PIN

ミスジハエトリ

視力はトンボの10倍とも

ガーンだな

トンボ

脚の空洞に体液を流しピン！と伸ばしてジャンプする（油圧ポンプのような仕組み）

視力が良いので
エモノに直接とびかかる！
よってクモの巣は作らない

だが糸はいつも出しっ放しで
ときには命綱のように使う

ウワーッ

脚を振り上げて求愛するよ
視覚的なアプローチはハエトリグモならでは

I LOVE YOU

これを→「しおり糸」とよぶ

ただし威嚇も似たような動き

鏡 なんだテメー KILL

おしり糸じゃないよ
おしり糸だろ

トンボ

ハエトリグモの赤ちゃんは脱皮をくり返して成長する

よろよろ まだ！ 1ミリくらい やんのかごら Yo

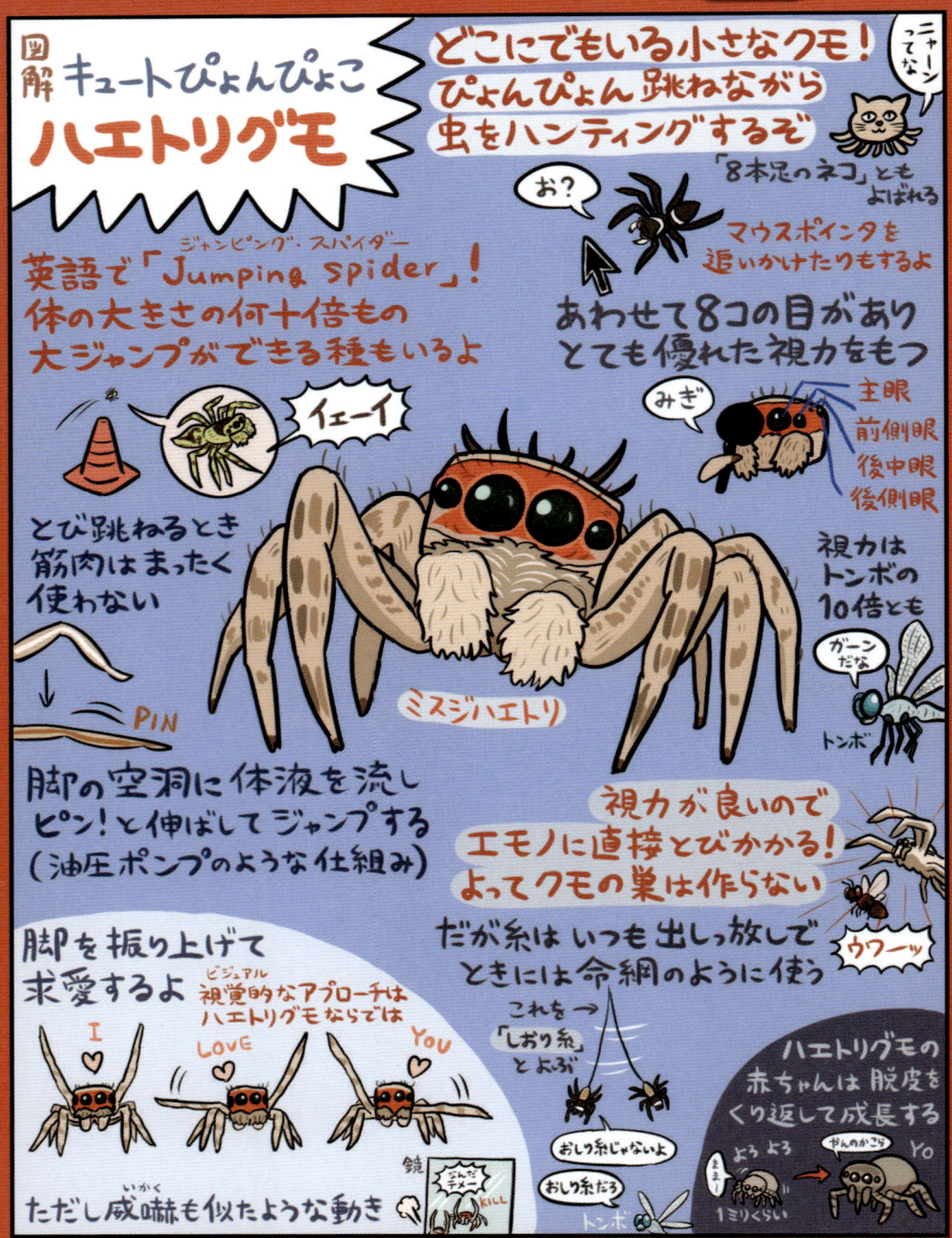

めざせハエトリマスター

ハエトリグモはクモの中でも
最も種類が多く
その総数は約6000種以上！
日本にも100種類以上いるよ

 ネコハエトリ もふもふ
 カタオカハエトリ きれい
 （海外）おどる ピーコックスパイダー Hey!
マスラオハエトリ つよそう
アリグモ アリに化ける

まずは家の中を探してみよう…
ほぼ確実にこの3種のどれかだ

  ナゾの博士 好きなハエトリを選ぶんじゃ

おうちハエトリ御三家

 アダンソンハエトリ
世界一メジャーなハエトリグモ

 ミスジハエトリ
オレンジのおでこがチャームポイント

 チャスジハエトリ
比較的大きい 西日本に多い

続いて近所の公園など
緑が多い場所を探してみよう

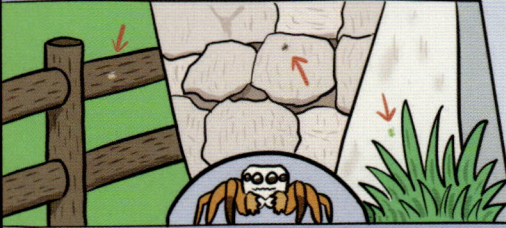

見つけやすい おすすめ ポイントは
手すり、石垣、草の生えた人工物など

こうした場所をよく探せば
色も形も様々なハエトリグモに
出会うことができるはずだ

ハエーッ
ハエトリモンスター
あ！ やせいの ネコハエトリが とびだしてきた！
ハエトリスナップ

 ハエトリGO ハエーッ
カメラを向けると
目線をくれることもあるよ

きみに決めた
ハエーッ
ネコハエトリの たいあたり！

江戸時代には「鷹狩り」のようにハエトリグモに
虫を獲らせる「座敷鷹」がブームに！
現代にもハエトリグモ同士を戦わせる
「ホンチ相撲」という遊びが残っている

オラーッ なんだコラーッ
板の上にのせて戦わせる

オススメ本

ハエトリグモ ハンドブック

ポケモン図鑑
『ハエトリグモ ハンドブック』
好評発売中

昔から人間とのかかわりも深い
キュートでミステリアスな隣人…
いつもいつでも本気で生きてる
ハエトリグモたちと出会いに
きみも冒険の旅に出よう！

みんなも ハエトリ ゲットだぜ
ゲットするなよ

ナゾの少年 正義ネズミ

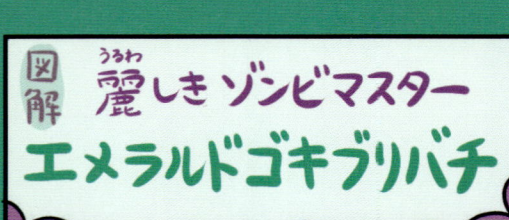
図解 麗しき ゾンビマスター
エメラルドゴキブリバチ

南アジアやアフリカなど熱帯に生息するハチ！

「宝石蜂」(Jewel wasp) とも呼ばれる
エメラルド色に輝く光沢 をもった
美しいハチだ

針をもつのはメスのみ

日本にも近似種のハチが2種いるよ

おぼえとき

体長は約2cm

100

その名の通り
ゴキブリを狩る！
…のだがなんと！

サトセナガアナバチ

ミツバセナガアナバチ

YABAI of the DEAD
ヤバイ！

特殊な毒で ゴキブリを
ゾンビに変えてしまうのである‼

KAWAII
ゴキブリだよ！
ぴょーーん
で ワモンゴキブリ
（実際の姿とは異なります）
そうもとべるはず

ウワーッ
最初の一撃‼
ド ス
まずは体をマヒさせる毒を注入！

ウゥワ…
ゴキブリを待ち受ける運命とは…⁉

エメラルド・スプラッタ

動けなくなったゴキブリに もう一撃!! 狙いを定めて 脳（正確には食道下神経節）に 毒を送り込む! 刺したゴキブリをゾンビ（生きた屍）にする 強力な神経毒だ

ドス

ゴキブリは毒に含まれるドーパミンの効果によって強制的に「ハイ」の状態になる

そうなったゴキブリは逃げようとする意志を一切失ってしまう…! そしてなぜか体をキレイに身づくろいし始める

KIREI

ひと仕事終えたハチはゴキブリの触角を切断しそこから栄養たっぷりの血液をのむ

ちうー

血の量を減らし毒の効き目を調整するためという説もあるよ

そしてゴキブリを巣穴へ連れていく! 「恐怖心」を失ったゴキブリはハチに誘われるまま自分の足で大人しく歩いてゆくことしかできない…

巣穴の奥にゴキブリを連れてきたハチはゴキブリの体に卵を生みつけた後巣穴の入口をふさいで立ち去る

EGG

OISHI―

ふ化した幼虫は内側から宿主の体を食べて成長するぞ ゴキブリを生かしておいたのは幼虫が新鮮な肉にありつけるようにするためだ

肉を食べ尽くし成長すると体を突き破って外に出る!

バリバリ

チェストバスター

パクリですわ

それな

GOOD BYE

あとに残るのは抜けガラとなったゴキブリの体のみ… 残酷なようであるがこれもまた生命の神秘! 恐ろしくも美しい毒使い それがエメラルドゴキブリバチなのだ―

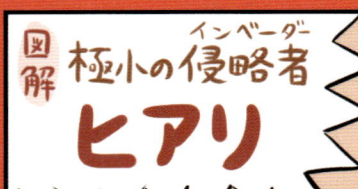

図解 極小の侵略者（インベーダー） ヒアリ

南米原産の強い毒を持つアリ！
2017年6月に日本国内への侵入が
初めて確認された 外来生物だ

体長は2.5〜6mmと
かなり多様である
体は赤茶色

やま

漢字で書くと「火蟻」！
英語で Fire ant（ファイア アント）

アリ!!! on FIRE
ウォー

ドーム状の
アリ塚を
作ることが
特徴だ

毒針に刺されると火傷のように
激しい痛みが走ることが名前の由来

オラッ ドス
何度もくりかえし
刺すことが多い
ギャーッ

オラッ オラッ
高さ90cm
深さ180cmに
達するものも…！

毒針は
見えない
ことも…

コロニー内のアリの数は
数十万匹にもなる！

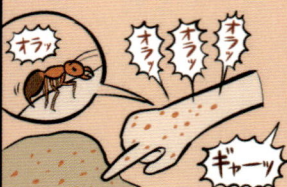
オラッ オラッ オラッ オラッ
ギャーッ

チームワークは抜群！
コロニーを襲われると
一致団結して逆襲するぞ
巣を見かけても触るのは厳禁！

「組体操」のように集まり
イカダを作ることもある！

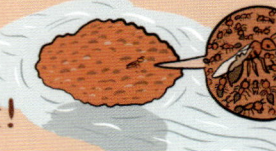

「殺人アリ」の異名を持つヒアリだが
実際にはヒアリの毒が即座に
直接的な死因となる可能性は低い…

万が一刺されてもパニックにならず
まずは安静にして体調の変化を確認しよう
容体が急変する場合は速やかに病院へ！

映画『アントマン』では
（まさかの）頼れる
仲間として活躍したぞ

オラーッ

ストップ!!ヒアリくん!

ヒアリの厄介さは毒だけではない…
電気にひきつけられる性質があるため
電気設備やインフラに侵入 → 火災などを引き起こし
アメリカでは年に**7億ドル**もの経済損失が生じている

バチ　バチッ
オラッ
家!!! on FIRE
ギャーッ

さらに攻撃的な性質から昆虫や小動物を襲い
生態系に甚大な影響を及ぼしてしまう
ヒアリがいちど環境に定着すれば
その被害は計り知れないのだ…

ぐわぁぁっ
オラッ
オラッ
オラッ

ヒアリ　シリアゲアリ　ケアリ（女王）　ヒメアリ
メアリ

しかしヒアリを見分けることは
非・専門家にはなかなか難しい…!
在来アリ（元から日本にいるアリ）には
ヒアリとよく似た種が多いからだ

ヒアリを恐れるあまり
外来種の侵入を阻んでくれる
在来アリを殺してしまえば 逆に
ヒアリの拡大を促す危険もある!
駆除には慎重さが求められる…

ヒアリだー！
ブシューッ
ギャーッ
在来アリ

地元のアリが死んでる！
ヒアリ
やったー
オラッ

現在、国中の虫の専門家たちが
チームを組んでヒアリの侵攻を
水際で食い止めてくれているぞ
（よって一般の人がヒアリに遭遇する可能性は
現時点では低い）
現状は十分な警戒をしつつも
ヒアリを過剰に恐れることなく
まずはその生態を理解することが
最も大切な段階だと言えるだろう

極小外来生物特設災害対策本部
通称「極災対」 ※あくまでイメージです

なんだオラーッ
えっ、ヒアリが!?

図解 地球最強の生命体? クマムシ

陸上や水中にすむ生き物!
ムシといっても昆虫ではなく
「緩歩(かんぽ)動物」という
独立した種類の微生物だよ

ウォーターベアちゃん

「緩歩」の名の通り
8本足で
のそのそ歩く

大きさはわずか
0.05〜1.5mm

英語で
Water bear
(水熊)

ゴマ粒みたい

ゴマ 3mm　クマムシ 0.5mm

コケの中で
暮らしている
ことが多い
線虫やワムシを
食べるよ

メスは
脱皮と
産卵を
同時に行う

きれいな卵!

足には
カギ爪→

ウワーッ

深海2700mから
山の上5000mまで
地球のあらゆる場所に
生息しているよ

1000種類以上の
クマムシがいる

白いクマムシ

通称シロクマ

直球

深海のクマムシ

おしゃれね

ラブカくん

クマムシの見つけ方

コケを
採集する

なにしてるの

水にひたしておく

顕微鏡で
観察する

なにみてるの

いた!!
(x30)

ウワーッ

じっくりと
覗いてみよう

なにを?

クマムシ・オブ・ギャラクシー

クマムシは周囲が乾燥するとタルのような形に変形し**クリプトビオシス**という仮死状態になる！

一切の代謝がストップして長期生存が可能になるぞ

クリプトビオシスとは「秘められた生命」という意味

昔はやった「シーモンキー」はアルテミアという甲殻類のクリプトビオシス状態

水を与えると復活！9年もたってからよみがえった例も

クリプトビオシス状態になったクマムシはなんと…

150度の高温に耐える！

絶対零度に耐える！（マイナス273度）

7万5千気圧の高圧に耐える！
世界一深いマリアナ海溝の水圧が1000気圧
※魚はいない

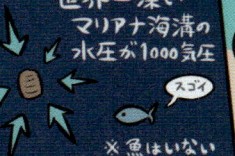

放射線に耐える！（人の致死量の千倍）
人類滅亡後の世界

こうした環境に対する信じがたいほどの「耐久力」こそがクマムシが「地球最強の生命体」と称される理由なのである！

クリプトビオシス状態のクマムシであれば超低温・無重力・無酸素の宇宙を旅していけるかもしれない…

現に宇宙空間に10日間さらされても復活した

たどりついた先の星にもし水とバクテリアがあれば復活して生きていける可能性もある（実際火星で生存可能という説も）

もっともクマムシのような宇宙生命体がすでに暮らしているかもしれないが…

宇宙クマムシ

あ と が き

最後までお読みくださってありがとうございます。楽しんでいただけたでしょうか。…えっ「最高に楽しかった」？ 「次回作も絶対に読みたい」？ 「5億円あげる」？ ホントですか？ やったー！ イェーイ！ ウフーッ!!
…茶番はともかく、まずは読者の皆様に心から感謝を。面白い「生きもの本」がよりどりみどりなこの時代に、わざわざ私の奇妙な生きもの本を手に取ってくださるなんて、感謝感激というものです。特にSNSなどでいつも応援してくださっている方々、本当にありがとうございます！ 皆さんのビビッドな反響がなければ、この本が世に出ることはなかったでしょう…。今後も色々な形で活動を続けていきますので、よろしくお願いしますね。この本が「初めまして」の方はTwitter（@numagasa）などもフォローしてみてください。これも何かの縁ですから！ たぶん!!
そしてこの（専門家ではない人間が描いたうえに）とにかくジャンルが広範囲にわたる、厄介な本の監修を務めてくださった中田兼介先生には、感謝のあまり頭が下がる思いです。生物学は毎日すごいスピードで情報が更新される分野であり、細かな記述を検証していただくのも大変だったことと思います。著者はまったくの未熟者ですが、少なくともこの本の記述に大きな間違いはないだろう…と安心して本を世に出せるのは、なんと言っても中田先生のおかげです。丁寧な監修を本当にありがとうございました。
私を励ましながら一緒に本書を作り上げてくださった光文社の須田奈津妃さん、ナイスな表紙etc.を考案してくださったデザイナー様、校閲を務めてくださった皆さん、参考文献の執筆者の方々、常にフラフラ生きている私を支えてくれた家族や友人にもこの場を借りてお礼を言いたいと思います。
そして最後に、近所の池にいらっしゃる美しきカワセミ様に、心の底からの感謝と尊敬を…。ある昼下がり、2羽のカワセミ様が池のほとりで仲睦まじく過ごされている姿をたまたま見かけたことが、生きもの図解シリーズの始まりでした。（まさか本を出すことになるとは思いませんでしたが…）。どうかこれからも幸運の青い鳥として、私を見守ってくださ…るほどカワセミ様もヒマじゃないと思いますが、とにかく心の底から愛しています！ ウワーッ!!
それではこの辺で失礼します。返す返すも、最後までお付き合いいただきありがとうございました。この広くてふしぎな生きものワールドの片隅で、またお目にかかれますように！

ぬまがさワタリ

参 考 文 献

書籍

- ●『新しい、美しいペンギン図鑑』（エクスナレッジ） テュイ・ド・ロイ、マーク・ジョーンズほか 著
- ●『愛しのオクトパス——海の賢者が誘う意識と生命の神秘の世界』（亜紀書房） サイ・モンゴメリー 著
- ●『うなぎ 一億年の謎を追う』（学研教育出版） 塚本勝巳 著
- ●『ウナギ 大回遊の謎』（PHPサイエンス・ワールド新書） 塚本勝巳 著
- ●『海のハンター展 公式図録』
- ●『学研の図鑑 LIVE 危険生物』（学研） 今泉忠明 監修
- ●『学研の図鑑 LIVE 昆虫』（学研） 岡島秀治 監修
- ●『学研の図鑑 LIVE 魚』（学研） 本村浩之 監修
- ●『学研の図鑑 LIVE 動物』（学研） 今泉忠明 監修
- ●『学研の図鑑 LIVE 鳥』（学研） 小宮輝之 監修・著
- ●『熊のことは熊に訊け。ヒトが変えた現代のクマ』（つり人社） 岩井基樹 著
- ●『クマムシ?! 小さな怪物』（岩波科学ライブラリー） 鈴木忠 著
- ●『クラゲのふしぎ（知りたい★サイエンス）』（技術評論社） ジェーフィッシュ 著・久保田信 上野俊士郎 監修
- ●『ゴリラ 第2版』（東京大学出版会） 山極寿一 著
- ●『昆虫はすごい』（光文社新書） 丸山宗利 著

● 『昆虫はもっとすごい』(光文社新書) 丸山宗利・養老孟司・中瀬悠太 著
● 『視覚でとらえるサイエンス生物図録 改訂版』(数研出版) 数研出版編集部 著
● 『深海展2017 公式図録』
● 『すごい動物学』(長岡書店) 新宅広二 著
● 『世界サメ図鑑』(ネコパブリッシング) スティーブ・パーカー著・中谷一宏 監修
● 『世界の奇妙な生き物図鑑』(エクスナレッジ) サー・ピルキントン=スマイズ 著
● 『タコの才能 いちばん賢い無脊椎動物』(太田出版) キャサリン・ハーモン・カレッジ 著
● 『ドキュメント 深海の超巨大イカを追え!』(光文社新書) NHKスペシャル深海プロジェクト取材班・坂元志歩 著
● 『毒々生物の奇妙な進化』(文藝春秋) クリスティー・ウィルコックス 著
● 『鳥たちの驚異的な感覚世界』(河出書房新社) ティム・バークヘッド 著
● 『鳥ってすごい!』(ヤマケイ新書) 樋口広芳 著
● 『ナショナルジオグラフィック』2012年2月号「犬の遺伝子を科学する」(日経ナショナルジオグラフィック社)
● 『日経サイエンス』2009年5月号「コウモリへの飛翔」(日本経済新聞出版社)
● 『ニワトリ 愛を独り占めにした鳥』(光文社新書) 遠藤秀紀 著
● 『ハエトリグモハンドブック』(文一総合出版) 須黒達巳 著
● 『ハダカデバネズミ 女王・兵隊・ふとん係』(岩波科学ライブラリー) 吉田重人・岡ノ谷一夫 著
● 『ハトはなぜ首を振って歩くのか』(岩波科学ライブラリー) 藤田祐樹 著
● 『フクロウ その歴史・文化・生態』(白水社) デズモンド・モリス 著
● 『ペンギンガイドブック』(阪急コミュニケーションズ) 藤原幸一 著
● 『ペンギンが教えてくれた物理のはなし』(河出書房新社) 渡辺佑基 著
● 『ペンギンのABC』(河出書房新社) ペンギン基金 著
● 『ホッキョクグマ:生態と行動の完全ガイド』(東京大学出版会) アンドリュー・E・デロシェール 著
● 『ヤモリの指 生きもののスゴい能力から生まれたテクノロジー』(早川書房) ピーター・フォーブズ 著
● 『世にも美しいハエトリグモ』(ナツメ社) 須黒達巳 著
● 『世の中への扉 おどろきのスズメバチ』(講談社) 中村雅雄 著

映像

● アフリカ(2013,BBC) ● アライグマの国 〜都市生活と“進化”〜 (2011,カナダ)
● 皇帝ペンギン(2005,仏) ● サメ(2015,BBC) ● 潜入!スパイカメラ〜ペンギン 極限の親子愛 (2013,BBC)
● 地球ドラマチック・選「意外と知らないハトの話」(2014,カナダ)
● デヴィッド・アッテンボローの自然の神秘(2013,BBC) ● ネイチャー(2014)
● プラネットアース(2006,BBC) ● フローズン・プラネット(2011,BBC) ● ライフ 生命という奇跡(2009, BBC)
● The Unnatural History of the Kakapo(2009) ● Kills With One Bite(2008,National Geographic)

WEB

● 「『エイリアン』の『2つ目のあご』は実在した?!」(AFP)
　http://www.afpbb.com/articles/-/2277762?pid=
● 「ストップ・ザ・ヒアリ」(環境省)https://www.env.go.jp/nature/intro/4document/files/r_fireant.pdf
● 「ヒアリに関するFAQ」(JIUSSI)https://sites.google.com/site/iussijapan/fireant
● 「兵庫県尼崎市および神戸市で見つかったヒアリについて(解説)」(兵庫県立 人と自然の博物館)
　http://www.hitohaku.jp/exhibition/planning/solenopsis2.html
● 「伏兵アカマンボウの逆襲」(ナショナルジオグラフィック)
　http://natgeo.nikkeibp.co.jp/nng/article/20150204/434322/061200005/
● 「文法を操るシジュウカラは初めて聞いた文章も正しく理解できる」(京都大学)
　http://www.kyoto-u.ac.jp/ja/research/research_results/2017/170728_1.html
● 「Confirmed Megamouth Shark Sightings」(FLORIDA MUSEUM)
　https://www.floridamuseum.ufl.edu/fish/discover/sharks/megamouths/reported-sightings
● 「Behold:The Beauty of The Naked Mole Rat」(CUTER THAN E.COLI)
　https://cuterthanecoli.wordpress.com/2012/03/08/behold-the-beauty-of-the-naked-mole-rat/
● 「Family Ties: Barn Owl Chicks Let Their Hungry Siblings Eat First」(Audubon)
　http://www.audubon.org/news/family-ties-barn-owl-chicks-let-their-hungry-siblings-eat-first
● The chicken that lived for 18 months without a head」(BBC)
　http://www.bbc.com/news/magazine-34198390

著者　**ぬまがさワタリ**

イラストレーター。2016年より、鳥と水棲生物を中心とした生きものの図解をウェブで発表している。映画やドラマ、ドキュメンタリー、アニメなどをテーマにした作品も多い。Twitterアカウントは@numagasa

監修者　**中田兼介**（なか た けん すけ）

京都女子大学 現代社会学部教授。動物行動学・動物生態学を研究。著書に『びっくり！おどろき！動物まるごと大図鑑』シリーズ（ミネルヴァ書房）、『まちぶせるクモ―網上の10秒間の攻防』（共立出版）などがある。

図解（ずかい）　なんかへんな生きもの（い）

2017年12月20日　初版第1刷発行
2018年 1 月15日　　第3刷発行
著　者　ぬまがさワタリ

発行者　田邉浩司
発行所　**株式会社 光文社**
　　　　〒112-8011 東京都文京区音羽1-16-6
　　　　電話　編集部03-5395-8172　書籍販売部　03-5395-8116
　　　　業務部　03-5395-8125
　　　　メール　non@kobunsha.com
　　　　落丁本・乱丁本は業務部へご連絡くだされば、お取り替えいたします。

ブックデザイン　坂川朱音（krran）

組　版　近代美術
印刷所　近代美術
製本所　フォーネット社